中央高校基本科研业务费专项资金资助（项目编号 HEUCF181205）

计算机辅助翻译研究

周 伟 著

哈尔滨工程大学出版社
Harbin Engineering University Press

内 容 简 介

计算机辅助翻译技术是把计算机和翻译二者有机地结合起来,将计算机辅助翻译的思想引入翻译教学实践中,将计算机辅助翻译系统作为一种专门的工具融入翻译教学。本书内容包括:计算机辅助翻译的发展历史、当前社会应用情况和发展趋势,计算机翻译的原理,计算机辅助翻译的特点,翻译记忆(TM),术语统一,词库的建设与维护,以及当前主流翻译软件等。该书旨在帮助学生全面了解计算机辅助翻译的系统构成、原理,以及当前翻译行业中计算机辅助翻译的应用状态。培养学生熟练掌握计算机辅翻译软件的使用技能。

本书适合高校学习"计算机辅助翻译"课程的学生及广大翻译爱好者使用。

图书在版编目(CIP)数据

计算机辅助翻译研究/周伟著. -- 哈尔滨:哈尔滨工程大学出版社,2018.12
ISBN 978 - 7 - 5661 - 2156 - 1

Ⅰ.①计… Ⅱ.①周… Ⅲ.①自动翻译系统 – 研究
Ⅳ.①TP391.2

中国版本图书馆 CIP 数据核字(2018)第 285955 号

选题策划	雷 霞
责任编辑	张玮琪
封面设计	李海波

出版发行	哈尔滨工程大学出版社
社　　址	哈尔滨市南岗区南通大街 145 号
邮政编码	150001
发行电话	0451 – 82519328
传　　真	0451 – 82519699
经　　销	新华书店
印　　刷	北京中石油彩色印刷有限责任公司
开　　本	787 mm × 1 092 mm　1/16
印　　张	8
字　　数	212 千字
版　　次	2018 年 12 月第 1 版
印　　次	2018 年 12 月第 1 次印刷
定　　价	35.00 元

http://www.hrbeupress.com
E-mail:heupress@hrbeu.edu.cn

前　言

　　计算机辅助翻译(Computer – Aided Translation,CAT)又称计算机辅助翻译技术,是指利用计算机技术帮助译者优质、高效地完成翻译任务的现代翻译技术。它不同于以往的机器翻译软件,不依赖于计算机的自动翻译,而是在人的参与下完成整个翻译过程。计算机辅助翻译结合了计算机快捷高效与人工准确性两个方面的优点,使繁重的人工翻译流程自动化,有效提高了翻译效率和翻译质量。

　　时至今日,计算机辅助翻译技术已经在技术文本翻译、科技文献翻译、软件本地化等领域发挥着不可或缺的作用。计算机辅助翻译工具已经成为译员及语言服务公司的必备神器。为了适应信息化时代海量知识和信息翻译的需求,以及培养大批高质量翻译人才,各高校外语专业相继在翻译课程体系中开设"计算机辅助翻译"及相关课程。

　　本书作者从计算机辅助翻译原理开始,系统地介绍了计算机辅助翻译的发展、主流翻译软件、教学研究、相关应用,以及日益受到重视的人工智能翻译。

　　希望本书的内容能对教授和学习计算机辅助翻译课程的师生及广大翻译爱好者有所帮助。

　　由于作者水平有限,而本书探讨的内容又处在不断变化和更新之中,因而书中难免存在瑕疵,敬请读者批评指正。

著者

2018 年 9 月

目　　录

第1章 计算机辅助翻译概论

1. 什么是计算机辅助翻译(CAT)

翻译是人们克服语言障碍达到交流的手段,有着悠久的历史,几乎同语言本身一样古老。最早的翻译机器出现在1933年,苏联人P. P.特罗杨斯基提出借助机器进行翻译的详细步骤,并设计出了由一条带和一块台板组成依靠机械原理进行翻译工作的样机。1946年第一台计算机ENIAC问世后,英国工程师布斯(A. D. Booth)和美国洛克菲勒基金会副总裁、工程师韦弗(W. Weaver)在讨论电子计算机的应用范围时提出了利用计算机进行语言自动翻译的想法。1954年美国乔治敦(Georgetown)大学在IBM公司的协同下成功研制了第一个机译系统,将60句大约250个词的俄文材料译成英文,这次试验的成功标志着机器翻译系统的真正诞生。1976年加拿大蒙特利尔大学与加拿大联邦政府翻译局联合开发了TAUM – METEO翻译系统,用以提供天气预报服务,成为机器翻译发展史上的一个里程碑,标志着机器翻译走向实际应用。

Machine Translation(MT)一般译为"机器翻译",也叫作电子翻译,是"使用电子计算机把一种语言(源语言Source Language)翻译成另外一种语言(目标语Target Language)的一门新学科"(Bowker,2002)。这门新学科是一个涉及语言学、计算机科学、认知科学等多学科的综合性研究领域,也是国际上激烈竞争的高科技研究领域之一,属于实用的信息处理学科和语言翻译学科。但MT系统的翻译准确率长期徘徊在70%左右,译文的可读性、系统对语言现象的覆盖面、系统的鲁棒性尤其是开放性都不尽如人意。社会迫切需要对真实文本进行大规模的处理,而MT系统同当今社会对大规模真实文本处理的期望相差甚远。在此情况下,研究者将目光投向了计算机辅助翻译(Computer – Aided Translation,CAT)。计算机辅助翻译(CAT)是指在人工翻译过程中辅助使用计算机程序的自动翻译功能。重复的内容无需重复翻译,而是由计算机程序自动匹配后直接从翻译记忆库中获取出来,极大地减轻了译员的工作量。

计算机辅助翻译是一个新兴研究领域,和其他成熟领域相比,计算机辅助翻译的研究比较晚。不成熟的标志之一就是对这一类研究的称呼不统一,常见的其他说法有"翻译技术""计算机技术在翻译中的应用""语言技术"和"本地化技术"等。名称较为接近,所指内容也基本相同,但如果仔细推敲还是能发现各称呼的细微差异。为便于描述,根据文献调查和笔者的实际经验,对于上述5个名称,可做如下区分:计算机辅助翻译这个称呼的含义最广,可以用来泛指所有用来辅助翻译的技术。根据学者Amparo(2008)的研究,计算机辅助翻译是研究如何设计或应用"方法、工具和资源"以便帮助译员更好地完成翻译工作,同时也能有助于研究和教学活动的进行。

计算机辅助翻译在国内学界多指计算机辅助翻译技术,研究者有袁亦宁(2005),徐彬

(2010)，王华树（2012）等。国内业界通常认为计算机辅助翻译技术有广义与狭义之分，广义的 CAT 技术指"对各种计算机操作系统和应用软件的整合应用"，如"文字处理软件、文本格式转换软件、电子词典、在线词典和包括计算机、扫描仪、传真机等在内的硬件设备等"，而狭义的则指"专门为提高翻译效率、优化翻译流程而开发的专用软件和专门技术"。计算机辅助翻译研究的重点是狭义的翻译技术。

目前计算机辅助翻译（CAT）软件有 100 多种，主要的有 Transit（STAR）、Translation Manager（IBM）、Optimizer（Eurolang）、ForeignDesk、Trados、TransPro、WorldLingo、Transmate、雅信 CAT、华建翻译等，其中最为知名和被广泛使用的是 SDL Trados。

2. 计算机辅助翻译（CAT）软件的工作原理

计算机辅助翻译（CAT）是计算机在人的参与下完成整个翻译过程的系统。它不同于以往的机器翻译软件，不依赖于计算机的自动翻译，而是能够帮助翻译者优质、高效、轻松地完成翻译工作。由于所有的 CAT 软件都是基于翻译记忆技术架构的，因此翻译记忆库是 CAT 软件的核心模块。

当译员翻译时，CAT 在后台自动存储翻译内容，建立起双语对照的翻译记忆库。"当代语料库（Corpus）是一个由大量在真实情况下使用的语言信息集成的，可供计算机检索的，专门作研究使用的巨型资料库"。将翻译记忆库收集保存起来就是翻译语料库，理论上翻译语料库越大，翻译效率越高，因此语料库大小决定 CAT 的翻译效率。

在翻译过程中，存在着大量重复或相似的句子和片段。CAT 技术具有自动记忆和搜索机制，可以自动存储用户翻译的内容。当用户翻译某个句子时，系统根据用户设定的匹配率（Math Rate）（CAT 系统默认设置一般为 70%）自动搜索翻译记忆库中的句子，如果当前翻译的句子用户曾经翻译过，机器会自动给出以前的翻译结果；若搜索到的句子与翻译内容 100% 一致，则达到完全匹配（Perfect Match），译者可以根据语境决定直接采用或修改后再采用；若搜索结果不完全一致，则构成模糊匹配（Fuzzy Match），对于相似的句子，系统也会给出翻译参考和建议。译者需要确定是否接受或修改后再采用该翻译内容，这种匹配功能可以使译者最大限度利用已有的翻译语料，减少重复的翻译工作。理想的 CAT 工具是一个具有自学习功能的软件，它会随着用户的使用，记住用户翻译过的所有句子，并从中学习翻译方法，发现新的单词、语法和句型，并统统存储于翻译记忆库。但是在现实中，也就是实用化的商品软件中，还是以文本和字符串记忆为主，其余语法特征所用甚少。CAT 工具必然还有内置的匹配率计算算法，可将用户需要翻译的句子与记忆库匹配，并给出匹配率指标方便用户选择使用。这样，用户可以根据自己的需要采用、舍弃或编辑重复出现的文本，就无须重复以前的劳动，从而提高翻译速度和准确性，节省更多的时间。

3. 计算机辅助翻译的优势

CAT 系统还可以搜索记忆库中的短语、语言片段或术语，给出翻译参考和建议。当相似或相近的短语、语言片段或术语出现时，CAT 系统会向译员提示语料库中最接近的参考译法，译员可以根据需要采用、舍弃、编辑或修改语料，以获得最佳译文。

　　CAT 的另一个好处是术语定义和管理。对于 CAT 技术来说,一个重要组成部分则是术语管理。广义地说,翻译中出现的任何词汇,如果有重复使用的必要,都可以作为术语进行保存,保存的术语集合则成为术语库。术语库也可以重复利用,不仅仅是在本次翻译,还可以在以后的项目或其他人的翻译工作中重复使用,不仅仅是为了提高工作效率,更重要的是可以解决翻译一致性问题。若纯人工翻译长篇文件,则人的记忆力很难保证术语使用前后的一致性,特别是多人合作翻译同一大型文件时,术语使用的一致性更难保证。此时,CAT 的术语定义功能和协同翻译功能可以很好地帮助译员解决术语一致性问题。

　　此外,译者使用 CAT 软件翻译时,可以将自己正在翻译的文本保存为翻译记忆库,这样既便于保存数据,也为以后翻译积累了资源。保存时需要预先设定记忆库格式,不同计算机辅助翻译软件的记忆库格式会有所不同,如 SDL Trados 的句库格式(即翻译记忆库文件后缀名)是 sdltm,而 SCAT 的句库格式是 STM。

　　采用 CAT 系统翻译的另外一大优势则是可以直接对原文档如 Word,Excel,PowerPoint,PDF,txt,rtf,html,xml,PageMaker,AutoCAD 等直接进行翻译,无须进行文档格式转换,不破坏原文格式,不必另行制图。极大地节省翻译者的时间,减少错误概率。它与纯人工翻译相比,质量相近或更好,翻译效率可提高一倍以上。计算机辅助翻译使得分隔性的翻译活动更为快捷和高效。计算机辅助翻译的优势,概括地说,包括如下几个方面:

　　(1)翻译经验的无限活用及避免重复性劳动。由于专业翻译领域所涉及的翻译资料数量巨大,而范围相对狭窄,集中于某个或某几个专业,如政治、经济、军事、航天、计算机、医学、通信等专业,这就必然带来翻译资料的不同程度的重复。翻译记忆可以自动搜索、提示、匹配术语,记忆和复现高度相似的句子。对相同的句子永远不用再翻译第二次,而且有些 CAT 软件还可以做到以例句为模板,对相似句子进行准确的自动替换翻译。应用 CAT 软件,可以使人脑从重复性劳动和体力劳动中解放出来,无须记忆过多的术语信息,专心从事创造性的翻译工作。

　　(2)查词方便且易于积累。不用 CAT 软件进行翻译的译者,工作模式基本上是 Word + 电子词典,他们翻译的成果难以重复利用,而且在电子词典中查找生词,虽然已经比直接翻阅词典书籍方便了很多,但仍然比不上 CAT 软件的高效。CAT 软件自带数十个不同专业的词典,还可以导入用户的词典,翻译时可以自动弹出屏幕取词窗口供输入、参考。

　　(3)减少击键次数,提高录入速度。利用 CAT 的自动词语翻译和自动弹出屏幕取词窗口,不但可以免去查词典的麻烦,还可以很好地减少翻译时击键的次数,提高输入速度。

　　(4)保证术语的一致性。对于科技译者,非常关心的是术语的前后一致性。尤其是多人协作翻译较大的科技项目时,如何保持术语一致? 如果没有高水平的术语管理系统支持,仅靠后期校对把关,术语就很难保证统一。而 CAT 采用共享术语库的方式,无论是单人翻译,还是多人协作翻译,都能很好地保证译稿术语的一致性。

　　(5)词频统计可以帮助译员提前掌握待译稿件中的高频词。拿到一个待译文件,在对它进行翻译之前,利用 CAT 软件的"词频统计"功能可以预先统计出文章中的高频词语,若在翻译之前对它们进行准确的定义,将会对日后的翻译工作起到事半功倍的作用。词频统计不但可以从待译文提取高频语,还可以从记忆库中提取,并将它们定义在词典中。

　　(6)双语对齐工具,快速创建大型记忆库。应用 CAT 软件高效的原因在于拥有一个大型、准确的记忆库资源。多数 CAT 软件除了可以自动记录译者翻译过的句子，而且还提供了一个非常高效的双语对齐工具，可以将译者收集、整理的双语资料进行自动句子对齐，把这些有用的资源添加到译者的记忆库中。

（7）质量检查保障译文的质量。好的 CAT 软件还有强大的质量控制功能，除保证术语的前后一致外，还可校验原文和译文的数字是否吻合，而且还有漏译检查、拼写检查、错别字检查、标点符号检查及语法检查等功能。

（8）质量与数量分析和管理功能。翻译员需要了解如何分析待译稿件，以便可以更改不同翻译任务的合理价格、整个文档的修订及词汇表和 TM 更新等。以往要计算字数、翻译单元、分析文本、比较新材料部分和预翻译材料部分等需要不同的工具。现在共用一种 CAT 工具（例如 SDL Trados）就可以解决所有问题，这样自由译者和项目经理可以事先对翻译任务中多少内容是全新翻译、多少内容需要修订等事项达成一致。

（9）具有帮助译员把译出语文本中的项目和句型结构与目标语文本中的项目和句型结构匹配等同的能力。计算机可以超越两种语言系统中的一些人为能力，帮助使用者掌握信息交流中的网络结构，帮助使用者了解源语与目标语之间的多样化形式及中间化形式。

（10）具有帮助译员把专业知识应用到超越语法结构的层面及组成语篇的能力。这种支持使译员能够结合所有可以利用的系统知识，创造出接近目标语的篇章文本。

（11）具有帮助译员把翻译过程中所涉及的知识进行概念化的能力，并且给译员提供百科全书式的知识。随着多媒体数据库的大量涌现，各类知识不再局限于以语篇的形式出现，而是以声音和动态化的图像的形式出现。目前不少开发的翻译软件，包括词典和词库，信息量大，使用便利，在专业翻译领域有着特殊的应用价值。

（12）具有翻译教学辅导的能力。教师可以把机助翻译列入译员的培训计划和培训课程之中，例如建立起"智力辅导系统"，帮助译员积累翻译的经验，给译员提供指导。

4. 计算机辅助翻译的局限

业界普遍认为计算机辅助翻译工具更适用于术语重复率高的科技类文本翻译。这类文本正是术语库、翻译记忆库能发挥效力的地方。而计算机辅助翻译工具一般不太适合文学文本翻译，因为其不但修辞丰富，而且重复率不高。文学文本中有大量的反语、讽刺等引申意义，这是机器目前所无法胜任的。除此之外，语言的模糊性也会给机器翻译增加难度。

总之，在设计实现自动翻译目标的过程中，计算机还受到一些因素的限制。计算机辅助翻译的局限性可以概括为以下几个方面：

（1）如果没有专业化、大型的翻译记忆库和术语库的支持，CAT 软件的作用会大打折扣。

（2）目前 CAT 软件仍然以句子为单位对文本进行切分，并在句子层面进行翻译，有时会对原文理解造成一定困难。

（3）一些 CAT 软件的学习曲线比较陡峭，功能比较多、设置比较复杂，需要译者花费较长时间学习，才能最终熟练掌握。

（4）尽管 CAT 软件支持的源语言文件格式很多，但对于格式复杂的工程图表及图片等文件的支持效果不尽如人意,有时标记符号多得惊人,处理起来非常麻烦。

(5)CAT 软件仍是辅助人工进行翻译,不能完全取代人工翻译。翻译是一种复杂的心理语言活动,包含着译者所要具备的认知能力,对原文进行语义解释的能力和创造性地把译出文转换成为译入文的能力。机器翻译在语言学方面要解决的问题是能够减少词汇和语法间的差异。

(6)句法的复杂性及专业上的特殊性。由于句法结构的复杂性,机器进行自动翻译处理的难度也相应较大。一个机译系统通常只能照顾一般的语法、词汇和语义的处理。在翻译某些专业文本时,其语法的使用往往和通用的情况会有所不同,这会导致 CAT 软件翻译的错误率较高。自带词典的 CAT 软件在翻译过程中经常忽视了句法的复杂性、语言的模糊性、专业上的限制等。

第2章 计算机辅助翻译教学与研究

1. 计算机辅助翻译教学

由于全球化进程的加速,世界各国交流的日益频繁,开放范围的进一步扩大等因素,社会对翻译的需求与日俱增,在这种客观需求的刺激与带动下翻译技术的发展成果喜人。计算机翻译技术作为一种计算机应用技能,其教学有自己的特点。很重要的一点就是具有较强的实践性。计算机辅助翻译(CAT)教学个人化程度高,教师不再仅仅是接收和评阅译文结果的评判者,更是能够观察译员整个翻译过程的观察者。学生与教师可以随时讨论翻译中出现的问题,教师也可以单独为学生提供建议和特定的方法指导。通过设计软件中的诸如英文释义,同反义词比较等显示内容,可以帮助学生获得翻译数据,积累翻译经验。

CAT 教学在国外与香港地区的高等院校发展较为成熟。截至 2016 年国内开设 MTI(翻译硕士)的高校有 209 所,其中大部分高等院校已认识到计算机辅助翻译的重要性,相继开设了 CAT 相关选修课程,进行计算机辅助翻译实践培养。2007 年北京大学率先开设了国内首个计算机辅助翻译硕士专业。北京航天航空大学还成立了"翻译科技实验室",配备有良好的教学设施基础。然而除了北大等少数高校外,大多数高校 MTI 的翻译教学中CAT 课程仅作为一门选修课,课程设置单一,过于侧重软件使用,而忽视翻译项目的实践应用,学生往往只能学到浅显知识,无法真正掌握计算机辅助翻译的精髓。国内仅有少数院校,如北京外国语大学、中山大学、山东师范大学、华中科技大学等在本科翻译或英语专业开设了 CAT 课程,但是国内绝大多数本科的学生并未接触过 CAT。报考翻译硕士的学生大多本科为英语专业,因此,高校英语专业本科生开设计算机辅助翻译技术相关课程能为硕士阶段的学习打下良好的基础,从而提高 MTI 教学效果,培养高素质的翻译实践人才。

关于翻译专业课程设置体系中 CAT 技术课程长期缺位问题,穆雷(1999)曾在《中国翻译教学研究》一文中指出,国内大学翻译专业尚无针对 CAT 技术的课程。幸而经过学术界及业界十多年的呼吁和讨论,时至今日,情况有了很大改观。到目前为止,国内先后开设翻译专业本科、硕士课程的百所高校中,至少已将 CAT 技术课程纳入到选修课程计划中。在2007 年,北京大学甚至率先提出了翻译专业硕士加计算机辅助翻译硕士双学位的培养模式。然而,就具体的实践来说还是存在诸如教学理念、教学材料选取、学生活动设计等方面的问题。眼下的讨论与研究尚处于初始阶段,大部分研究还是针对翻译技术的发展对翻译教学内容建议的反思,而将翻译技术作为教学内容的教学研究还不多。国内早期较为完整的文献只有台湾学者史宗玲(2004)编写的《电脑辅助翻译》,以及清华大学出版社出版的国内学者张政(2006)的《计算机翻译研究》。由于目前翻译专业的学生知识结构大多偏人文,而 CAT 技术又偏理工,这一矛盾使得 CAT 技术教学仍然存在很多困难。

受到国民经济水平的限制,以前我国课堂难以做到人手一台电脑。随着经济水平的发展,现在各高校硬件建设已经达到了相当的高度,而多数大学的管理者仍未充分意识到计算机综合应用技能对于培养符合时代需求的人才的意义。遍观国内大学,很少能为学生提供免费的计算机应用条件,校园网也往往变成了学校的公文、信息发布网,而没有真正成为师生教学交流的平台。

另外,由于教学管理层认识不足,缺乏相应的人员储备,再加上计算机辅助翻译技术课程本身的特点,导致相关师资缺乏。相当比例的翻译教学研究人员对计算机辅助翻译认识不到位,长期以来存在懂计算机技术的人员不懂翻译,懂翻译的人员不懂软件应用的局面。有翻译实践和理论基本功同时又熟悉计算机翻译软件操作的教师少之又少。

2. 国内关于计算机辅助翻译与翻译教学的相关研究

通过大量的文献检索与阅读,可以发现国内对于计算机辅助翻译的研究主要集中在四个方面:理论、教学、软件与工具、行业。其中,对翻译软件与工具的研究占了很大的比例,相比之下,关于计算机辅助翻译与教学的研究相对较少。但是,随着近年来我国对于翻译人才的需求不断提高,以及许多高校陆续建立 MTI 翻译硕士点,相信关于计算机辅助翻译与翻译教学方面的研究会逐渐地增多。总的来看,国内对于计算机辅助翻译与翻译教学的研究主要集中在两个方面:课程设置与教学层次。

(1)课程设置方面

从课程设置来看,国内的研究主要集中在宏观方面,一些研究者通过借鉴、调研国外高校翻译专业的课程设置来反思对比国内的翻译教学,另外一些学者则从国内的 CAT 与翻译教学相结合的现状出发,提出自己的理论观点。下面将从国内与国外两个角度进行深入的探讨。

①对于国外的调研

柯平、鲍川运(2002)在《世界各地高校的口笔译专业与翻译研究机构》一文中,详尽调查了世界各地高校口笔译专业和翻译研究机构的现状,并对这些专业和机构的课程设计与研究项目进行了介绍与分析,并在此基础上归纳出值得我们国内(大陆地区)高校在翻译教学改革中借鉴的几个方面。

该文章调查的范围很广,涉及了包括香港和台湾地区在内的亚、非、美洲等世界各地的高校与研究机构,作者在实地考察与网络访问的基础上,进行了全面的调查与分析。其中已经开设了机器翻译、计算机辅助翻译等相关翻译技术课程的学校有香港中文大学、以色列巴依兰大学、加拿大渥太华大学、美国杨伯翰大学、美国卡内基－梅隆大学、美国夏威夷大学、美国肯特州立大学、美国蒙特利国际研究学院等。这些调查研究,为借鉴国外计算机辅助翻译教学先进经验提供了捷径。

②对于国内课程设置的反思

徐彬(2006)在《CAT 与翻译研究和教学》一文从翻译市场的需求、翻译机构对技术的要求、项目和报酬的网络化交付三个角度探讨了 CAT 技术进入翻译课程的必要性,并且认清了我们翻译专业课程体系中 CAT 技术课程缺位这一现状,分析出 CAT 技术进入翻译课程的种种困难;但是同时指出,在困难面前不能裹足不前,坚信 CAT 技术对于翻译研究和教学是有促进作用的,通过数据化驱动、网络化互动及面向市场多种教学、培养模式相结合,合理将 CAT 技术课程引入到翻译教学中去。文章指出设置 CAT 技术相关课程,有助于培养面向市场、面向职业的外语和翻译专业学生。

(2)教学层次

从教学层次上分为本科阶段和硕士阶段,国内 CAT 教学在硕士领域的研究比较全面,在本科阶段教学中的研究涉及的不多,下面将分别介绍。

①硕士层面

针对学术型硕士计算机辅助翻译教学研究以钱多秀(2009)为代表,在《计算机辅助翻译课程教学思考》一文中总结了北京航空航天大学、外国语学院五年来开设"计算机辅助翻译"课程的教学思考,该文首先描述了设置计算机辅助翻译课程背景,介绍了课程板块与内容:包括机器翻译和计算机辅助翻译史、计算机辅助翻译原理、广义与狭义的翻译工具、语料库与计算机辅助翻译、术语与术语库、对齐与翻译记忆、主流计算机辅助翻译工具、计算机辅助翻译与全球化和本地化等。文章的最后分享了该课程设置和教学五年来的经验与反思。这篇文章为其他准备开设这门课程的高校提供了宝贵的借鉴。

对于 CAT 技术教学与翻译硕士的培养方面的研究可从一些硕士学位论文中找到答案,陈了了(2011)《计算机辅助翻译与翻译硕士专业建设》讨论 CAT 技术教学与翻译硕士的培养。该文旨在通过概括国内外开设的 CAT 课程现状,分析课程目前存在的问题,针对新型的 MTI 翻译硕士学位的开设,提出符合我国社会需要的 MTI – CAT 教学体系,并构建适应时代要求的新型翻译教学模式。文章首先对计算机辅助翻译(CAT)和翻译硕士(MTI)专业学位进行了概述,对容易混淆的机器翻译概念加以区别,并简述了翻译硕士专业学位设立的状况,介绍了国内外 CAT 课程设置的相关研究,提出开设计算机辅助翻译课程是进行翻译教育的发展趋势。进而介绍了计算机辅助翻译与翻译课程的教学情况,之后详述了 CAT 与翻译教学,阐述了 MTI 教学大纲对 CAT 的要求及国内外 CAT 课程的开设,总结了计算机辅助翻译在翻译硕士专业学位中的地位。总之,这篇论文对计算机辅助翻译与 MTI 教学进行了比较深入和系统的研究。

除此之外,研究者对于计算机辅助翻译专业硕士的培养也有论述。如俞敬松,王华树(2010)《计算机辅助翻译硕士专业教学探讨》中主要阐述了对于新世纪语言服务的理解和思考,以北京大学为例,介绍了翻译技术相关课程的设计定位及教学计划的制订,教学实践过程中面临的各种问题及解决思路,文中介绍了学生实习就业情况,并展望了 CAT 专业未来的发展。需要特别说明的是北京大学的计算机辅助翻译由语言信息工程系开设,授予工程硕士学位,其教学内容分为基本的语言与翻译教学和信息技术与翻译技术两大部分,拓宽了 CAT 教学的研究视角,是一门交叉性的学科,这在 CAT 技术与翻译教学领域绝对是创新,因而对于 CAT 课程的跨学科研究具有一定的借鉴价值。

②本科层面

在 CAT 技术与翻译教学方面,国内在研究生教学层次的讨论比较多,涉及本科教学的文章就比较少了,一篇是魏晓芹(2009)《大学英语翻译教学中 CAT 的应用》,文章介绍了计算机辅助翻译技术,并讨论了其发展与现状,然后对计算机辅助翻译技术与大学英语翻译教学的结合进行了详细分析。文中着重讨论了 CAT 如何应用于翻译教学,以及实际操作中会遇到的问题,并提出了相应的应对策略。同时分析了在大学英语教学中培养翻译科技人才以适应市场需求的必要性。本文从宏观的角度总结出 CAT 应用到大学英语教学中的问题,并提出了相应的解决策略。另一篇宋新克,张平丽,程悦(2011)《本科英语专业计算机辅助翻译教学中学习动机与需求调查研究》则从学习动机与需求的角度对 CAT 技术教学进行调研。该论文指出,高年级阶段开展计算机辅助翻译教学在全国范围内是一项创举,它不仅拓宽了信息时代英语专业的课程与教学体系,更是探索培养本科应用型翻译人才之路中的大胆尝试。在对河南财经政法大学成功学院外语系已经进行为期八周的计算机辅助翻译教学基础上,对该校“计算机辅助翻译课程实验班”进行了问卷调查分析,结果表明,大部分同学学习该课程的动机主要是为了提高英语翻译水平和通过翻译考试,很多同学还未充分认识到计算机翻译软件知识和计算机辅助翻译理论学习的重要性,这些都为该教学实验的改进指出了方向。

3. 我国高校计算机辅助翻译教学可以借鉴的经验

无论是对国外高校和研究机构 CAT 技术翻译教学的研究,还是对国内计算机辅助翻译教学的反思,归根结底都是为了更好地为我国高校计算机辅助翻译教学提供改革的经验与空间,通览文献,这些经验都可以划归到以下三个方面:课程设置、教材、师资力量。

(1)课程设置

课程设置方面要注重对计算机辅助翻译软件的介绍,增加翻译项目的培训。现代翻译一般都是以项目的形式进行的,以前的“单打独斗”“小作坊式”的翻译模式已经很难适应现代翻译任务的要求了。因此,实施翻译项目的流程、组织、分工、协作和管理等各个层面的内容学生都应有所了解和掌握。所以, 在 MTI 课程设置中应该增加主流计算机辅助翻译软件学介绍及“翻译项目”等相关内容,加强语料库在翻译教学中的应用。

(2)教材

加强引进和编写现代翻译技术教材。虽然国内的机器翻译教材和计算语言学教材已经不少,但现代翻译技术教材却不多见。2006 年,清华大学出版社出版了国内学者张政的《计算机翻译研究》一书;同年,外语教学与研究出版社引进了德国学者 Austermühl 的著作《译者的电子工具》;上海外语教育出版社引进了 Quah 的《翻译与技术》及《计算机与翻译:译者指南》(Harold Somers)。这些著作对翻译技术和翻译工具做了很好的介绍,但遗憾的是仍无一本专门讲解现代翻译技术的适用教材问世。加拿大渥太华大学 Lynne Bowker 教授所著《计算机辅助翻译技术实用入门》(2002) 一书一直是英国大学里计算机辅助翻译课程的首选教材,国内完全可以考虑引进,或者组织编写类似教程。国内对计算机辅助翻译教材的编写在 2010 年之后有所改观,陆续出版了《计算机辅助翻译》(钱多秀主编,外语教学与研究出版社,2011 年),《计算机翻译实践》(王华树主编,国防工业出版社,2015 年),《计算机辅助翻译教程》(潘学权主编,安徽人学出版社,2016 年)。

(3)师资力量

要着力培养翻译技术师资。翻译技术的熟练程度取决于使用翻译工具的经验,因此,翻译技术师资的来源不应局限于高校教师,可以适当考虑有经验的资深翻译技术专家。同时,翻译教师也应该及时充电,补充新的知识,通过参加一些软件公司的产品介绍会、网上推介讲座等机会学习现代翻译技术,应用丰富的教学经验积极参加翻译项目实践,在实践中完善和提高自己的翻译技术和技能。

4. 计算机辅助翻译技术在翻译教学中的应用现状

CAT 技术在翻译教学中的应用研究仍明显滞后,相关成果屈指可数,研究范围主要集中于研究生层次的计算机辅助翻译教学。有关 CAT 技术在本科翻译教学中的具体应用,学界鲜有探讨。由于存在诸如翻译师资欠缺、软件硬件设备不足等问题,即便 MTI 专业,CAT 技术也尚未在翻译教学中得到普及。

目前国内 CAT 教学的主要形式是开设计算机辅助翻译课程,而未在传统的翻译课程中加入 CAT 技术模块。就计算机辅助翻译课程而言,开设这门课程的高校数量不多,主要集中于 MTI 专业。究其原因,一是建立计算机辅助翻译实验室耗资巨大,一般高校缺乏开设计算机辅助翻译课程的硬件设备;二是计算机辅助翻译课程涉及的软件应用及行业知识较为复杂,一般高校缺乏能够开设计算机辅助翻译课程的师资力量。要使 CAT 技术真正进入本科翻译教学,有必要转变思路,另辟蹊径,降低开展 CAT 教学的硬件和技术门槛。既不依赖计算机辅助翻译实验室这一硬件条件,也不一定非要开设专门的计算机辅助翻译课程,而是在本科翻译教学中加入 CAT 技术模块,使之与翻译教学相结合。这需要思考和解决三个问题:第一,目前国内高校计算机辅助翻译课程中使用的 CAT 软件,如 SDL Trados 和雅信等价格昂贵,影响了其在一般高校的推广使用,可否寻找免费、易用、高效的翻译软件可作为替代品;第二,限于师资欠缺、翻译课程学时设置不合理等原因而不能开设计算机辅助翻译课程的问题,研究、探索如何在传统的英汉、汉英翻译课程课时及大纲要求允许的情况下加入 CAT 技术模块;第三,如何将 CAT 这一翻译技术应用于翻译教学的各个环节和步骤中,使翻译技术、翻译理论和翻译教学成为密不可分的整体,提高教学效率和教学效果(余军,2012)。

在相当长的一段时间内计算机翻译完全代替人工翻译还有很长的路要走,目前机器能理解和组织的句子都很简单,句法还远远没有达到完善,人工智能系统还在完善之中。翻译的过程相当复杂,计算机必须把英语句法识别程序和现场翻译程序结合起来,然后通过语言合成器翻译。机器要输入成千上万,甚至数亿计的根词、名字、描述概念和一种做出推理判断的方法。机器翻译的发展看来是在人助机器翻译的领域,目前的人助机器翻译的改进需要在两个主要的程序上下工夫,即计算机翻译过程中的自动替代和重新的构建方面,这样才可以把翻译后期人为的编辑或者前期的编辑过程减到最低限度。

第3章 主流计算机辅助翻译软件及在线智能语言工具介绍

3.1 主流计算机辅助翻译软件

3.1.1 SDL Trados

Trados,这一名称取自三个英语单词,它们分别是:Translation,Documentation,Software。其中,在"Translation"中取了"Tra"三个字母,在"Documentation"中取了"do"两个字母,在"Software"中取了"s"一个字母。把这些字母组合起来就是"Trados"了。透过这三个英语单词的含义可见"Trados"的取名还是很有用意的,因为这恰恰体现了 Trados 软件所要实现的功能和用途。

Trados 是桌面级计算机辅助翻译软件,基于翻译记忆库和术语库技术,为快速创建、编辑和审校高质量翻译提供了一套集成的工具。超过 80% 的翻译供应商采用此软件,它可将翻译项目完成速度提高40%。

1. 历史

Trados GmbH 公司原本是一家德国公司,由约亨·胡梅尔(Jochen Hummel)和希科·克尼普豪森(Iko Knyphausen)在 1984 年成立于德国斯图加特。公司在 20 世纪 80 年代晚期开始研发翻译软件,并于 20 世纪 90 年代早期发布了自己的第一批 Windows 版本软件。1992 年的 MultiTerm 和 1994 年的 Translator's Workbench。1997 年,得益于微软采用塔多思进行其软件的本土化翻译,公司在 20 世纪 90 年代末期已成为桌面翻译记忆软件行业领头羊。2005 年 6 月 Trados 被英国 SDL 公司收购,其正式名称也改为 SDL Trados。

2. 产品、技术和服务

(1)产品发展

Trados 1.0 - 6.0:现在已经难以找到,基本上不再使用。

Trados 6.5:2004 年推出。稳定性、中文引号无乱码现象普遍对此版本评价较高,目前还有部分译员在使用此版本。

Trados 7.0:2005 年底推出的版本,此版本现在还很流行,很多译员和翻译公司在使用。以上版本包含的软件有:Workbench,MultiTerm。

Trados 2006:2006 年 2 月 18 日发布,这是 SDL 公司收购 Trados 后第一次把 Trados 与 SDLX 作为同一个安装包进行发布。包含的软件有:workbench,MultiTerm,SDLX。

Trados 2007:2007 年 4 月份发布。该版本是最后一个保持和 Office 界面集成的版本,虽然有引号乱码问题,但仍有相当多的译员和翻译公司在使用。

SDL Trados Studio 2009:2009 年 6 月发布。这个版本开始,Trados 不但改了名称,同时也改了软件界面,不再跟 Word 进行集成,但 Align 功能却不能使用,因此使用这个版本的同时,还要保留 2007 进行 TM 的 Align。由于界面的更改,同时兼容性等问题造成了大量译员不能适应,因此该版本的市场占有率并不大。

SDL Trados Studio 2011:2011 年 8 月发布。改进了 Align,不再需要 2007 版本,兼容性有大幅度提高,目前使用这一版本的译员和翻译公司已经超过 Trados 7.0 和 Trados 2007。

SDL Trados Studio 2014:2013 年 9 月发布。进一步改进了 Align 和文件兼容性,启动速度和资源占有降低。

SDL Trados Studio 2017,这是 SDL Trados Studio 产品系列的最新版本,Studio 的效率更高,操作更加轻松和灵活,能够承担复杂的工作,使译者可以比以往更充分地利用现有资源,专注于重要的工作。通过 SDL Trados Studio 2017 中的下一代翻译效率工具,探索比以往工作更快速、更充分利用资产的全新方式。Studio 2017 引进了照片翻译和 Any TM 两项全新的重要创新,它在翻译记忆库和机器翻译中的突破性技术,使译者在日常所有的翻译情境中获得尽可能最佳的翻译匹配。SDL Trados Studio 2017 还包括 SDL MultiTerm 2017。

(2)技术和服务

企业技术,它允许全球公司使用集中的按需翻译管理服务,通过统一的术语和高效的翻译流程,为全球用户创作内容。

桌面技术,全球超过 80% 的专职翻译都采用该技术。

真正的全球 Web 内容管理,使公司可以在多站点网站建立和维护多语言内容。

最大的专业翻译译员内部网络,协助各公司将内容翻译成各种语言。

基于知识库的翻译服务,通过将自动化翻译和人工编辑相结合,以比传统翻译服务快 50% 的速度和低 40% 的成本交付多语言内容。

使用这些技术的客户类型广泛,服务对象既有小公司客户,也有全球的大企业,例如 Best Western、Canon、CNH、Dell、Emirates、HP、Intel、Microsoft、Philips、Salesforce、Sony、Virgin Atlantic 等。

3. 优点

SDL Trados Studio 的界面清晰,无论文件类型如何,原文和译文都清楚地显示在两侧。此外,译者能以多种不同的方式定制环境:键盘快捷方式、布局、颜色和文本大小等都可自定义,从而最大程度地增加舒适度和工作效率。具体优点如下:

(1)加快翻译速度

upLIFT 翻译记忆库技术:体验最充分地利用翻译记忆库。这意味着可以更快地自动生成更多有用结果,提升翻译质量和翻译速度。

Adaptive MT:充分利用机器翻译实时、无缝、持续学习和改进的特点,有效减少后期译后编辑,节约时间和成本。

AutoSuggest TM:输入时提供智能建议:得益于用户输入的子句段匹配建议,协助用户提高翻译速度,令工作效率显著提升。

PerfectMatch TM:利用早前已翻译的双语文件创建 PerfectMatch 内容。这是一种缩短审校时间和确保一致性的便捷方法。

上下文匹配：使准确性更上一层楼。通过定位和语境判断提供"超出 100％"匹配度，以交付最佳译文，无需繁杂的设置或配置。

（2）先进的项目管理

简化的项目管理：借助 SDL Trados Studio，用户不仅仅可以进行翻译，还可以对语言、文件和截止日期进行集中管理。

自动化项目准备：SDL Trados Studio 可以帮助用户自动准备项目文件，可定制的项目向导会处理多数重复任务。

报告：自动创建字数统计、分析和报告并与工作内容一起保存，因此用户可以随时了解每项工作的状态。

集中和分享：SDL Trados Group Share 先进的项目管理可以让用户集中管理包括翻译记忆库和术语共享在内的项目。

（3）全面审校功能

修订标记：通过原生的修订标记，用户不会再错过经审核修改的句段。用户可以放心地审校，轻松接受或拒绝更改，获得全面控制。

导出双语文档以供审校：如果需要同不使用 Studio 的外部审校人员一起工作，那么，用户可将双语文档导出为 MS Word 或 Excel，以供审校和导入任何更改。

改良的 QA Checker：Studio 的自动化 QA Checker 会突出显示翻译错误，包括标点符号、术语和不一致等。全新的翻译质量评估允许用户依照自己的标准或行业标准框架进行评估。

（4）一致的翻译

集成或独立术语管理：准确、一致的术语有助于创建高质量翻译。SDL MultiTerm 是业内最先进的术语解决方案，在用户购买 SDL Trados Studio 时一并提供。SDL MultiTerm 可用作独立的应用程序，也可作为 SDL Trados Studio 的一部分。

连接自动化翻译：在 TM 中找不到具体句段的匹配项？机器翻译将帮助用户。在用户的编辑状态下就能轻松访问。

QuickPlace 可最大限度地提高效率：QuickPlace 基于源内容提供智能建议，所有格式、标记、非译元素和变量都可随手插入，使翻译任何文件类型都变得简单轻松。

（5）不仅仅是一款产品

SDL Trados Studio 支持最为认可的行业标准，如 XLIFF（双语文件）、TMX（翻译记忆库交换）和 TBX（术语库交换）。

SDL Trados Studio 是集成式 SDL 语言平台的一部分，为用户提供所需的技术及服务，在客户旅程的每一步交付本地语言内容。

4. 特点

（1）基于翻译记忆的原理，是目前世界上最好的专业翻译软件，已经成为专业翻译领域的标准。

（2）支持 57 种语言之间的双向互译。

（3）大大提高工作效率、降低成本，提高质量。

（4）后台是一个非常强大的神经网络数据库,保证系统及信息安全。

（5）支持所有流行文档格式,用户无需排版。(DOC, RTF, HTML, SGML, XML, FrameMaker,RC, AutoCAD DXF,等等)

（6）完善的辅助功能,如时间、度量、表格、固定格式的自动替换等能够帮助客户大大提高工作效率。

（7）目前已经广泛被翻译和本地化公司所采用,是国内所有的外企、国内大型公司和专业翻译人员的首选。

（8）专业的技术支持及开发中心。

（9）多年的成长历史使 Trados 不断完善和丰富,满足客户的需求。

5. 系统要求与兼容性

（1）系统要求

SDL Trados Studio 2014 可以在 Windows 7/8,Windows Vista,Windows XP,Windows 2000 和 Windows 2003 Server 上运行(建议使用 Windows 7/8 获得最佳性能);装有 Pentium Ⅲ 或兼容处理器的 PC(建议使用 Pentium Ⅳ 或更高配置);Windows 2000/Windows XP Home/ Windows XP Professional/Windows Vista 要求使用 512 MB RAM(建议为 1 GB)。

目前最新的 SDL Trados Studio 2017 支持 Microsoft Windows 7,Windows 8.1 和 Windows 10。建议的最低硬件要求为 Intel 或兼容的基于 CPU、带 2 GB RAM、屏幕分辨率为 1024 × 768 的计算机。若要获得最佳性能,建议使用 4 GB RAM 和最新 Intel 或兼容的 CPU。但是 SDL Trados Studio 2017 不再支持 Microsoft Windows XP 或 Microsoft Windows Vista 操作系统。这是因为 Trados 现在使用的 Microsoft .NET Framework 4.5.2 已经不再支持 Windows XP/Vista。

（2）兼容性

SDL Trados Studio 2017 可以与 SDL Trados Studio 2014/2015 兼容。此外,SDL Trados Studio 2017 允许打开 TTX,ITD 文件和旧版的 Trados Word 双语文件,还能使用 SDL Trados 较早版本的翻译记忆库。该版本还支持 TMX(用于翻译记忆库),TBX(用于术语数据库)和 XLIFF(用于翻译的文件格式)等行业标准文件格式。SDL Appstore 还提供对第三方格式(如 Wordfast)的扩展文件类型支持。

3.1.2　Déjà Vu

1. 简介

Déjà Vu 是一款计算机辅助翻译软件,以翻译记忆为基础和核心,利用机辅翻译技术,帮助译者更好完成翻译任务。

（1）翻译记忆库——人脑记忆的扩展

翻译记忆库是 CAT 软件的重要工作组件,它指的是计算机构建的原文和译文的句等值数据库。Bowker (2002)将翻译记忆定义为一种用于储存原文本及其译文的语言数据库。其工作原理为:"用户利用已有的原文和译文,建立起多个翻译记忆库,在翻译过程中,系统将自动搜索翻译记忆库中相同或相似的翻译(如句子、段落),给出参考译文,使用户避免无谓的重复劳动,只需专注于新内容的翻译。翻译记忆库同时在后台不断学习和自动储存新的译文,扩大记忆量。"因此,翻译记忆实际上是利用电脑代替人脑记忆大量资料,帮助议员存储以往的翻译成果,再遇到相同或类似的翻译时,可以直接利用或参考以前的翻译结果,这样就避免了重复翻译的麻烦。

Déjà Vu 软件的翻译记忆库是在翻译项目创建之初就一同建立起来的。译者每完成一个翻译项目,即可将其发送到翻译记忆库(Send Project to Translation Memory)。当然译者也可以选择 Déjà Vu 软件提供的自动发送(Auto Send)功能,将翻译结果自动发送到翻译记忆库,这样做的好处是避免译者忘记将翻译好的项目发送到翻译记忆库。对于篇幅较长,重复内容较多的翻译项目,译者可以参考该项目已有的翻译结果,如有重复,直接使用,从而提高翻译效率。如同人脑在不断的学习中积累知识一样,翻译记忆库也会在译者翻译过程中不断充实。随着记忆库的丰富,译者可按照不同领域将记忆库分门别类管理,这样,在翻译某个专业领域的项目时,译者可调用对应的记忆库,翻译工作也就更加专业化。

Déjà Vu 翻译软件提供了预翻译(Pre-translation)的功能,译者在翻译项目之前可以先使用该功能,Déjà Vu 将自动搜索翻译记忆库数据,并给出记忆库中已有的与原文中匹配的翻译结果。如此可排除重复翻译的句子,节省译者的时间和精力。

由此可见,计算机辅助软件中的翻译记忆库帮助译者储存大量以往翻译数据,并且在具体翻译过程中,利用自动搜索功能,随时向译者提供记忆库中与译文相匹配的数据供译者参考和使用,从而有效地排除了重复翻译的现象,大大提高了译者翻译的效率和一致性。

(2)术语管理(Terminology Management)——译者的专业词库

术语管理是 CAT 软件的又一重要工作组件,也是在实践中被证明的计算机辅助软件最实用的功能之一。译者在翻译专业性较强的材料时往往要查阅大量相关资料,有时甚至要学习和掌握该领域的基本知识,耗时又费力。而且术语的前后一致性也是值得注意的一个方面,如果术语翻译前后不一致,就很容易使读者在理解时出现上下文的脱节。计算机辅助软件中的术语管理可以较好地解决这些问题,术语库可以为译者提供术语参考,并能保证术语的前后一致性。

Déjà Vu 的术语库也是在项目创立之初就建立起来的。在翻译某一专业领域的文章时,译者可以事先找到该领域的一些专业词汇双语对照表(Text 或 Excel 格式)导入术语库。当然译者也可以在翻译的过程中随时将遇到的专业术语添加到术语库。在具体的翻译过程中,Déjà Vu 会扫描原文中的术语,如有匹配,便自动为翻译人员提供相应译文。这样既大大提高了译者的翻译效率,同时也确保了翻译过程中术语翻译的一致性。

Déjà Vu 术语管理独具特色,它分为两级,分别是术语数据库和项目词典(lexicon)。项目词典的用途在于存储和项目紧密相关、特别有针对性的术语,可用性更强。译者在翻译之前可以根据待译文章所属学科领域,搜索相关词汇并添入项目词典。在实际翻译过程中,Déjà Vu 会首先搜寻项目词典,其次是术语库,最后才是翻译记忆库。这样富有层次的搜索所得到的数据便于译者分辨和择取。

总之,译者通过 CAT 软件中的术语库管理,相当于建立了自己的专业词库。随着译者术语库质量的提高和规模的扩大,术语管理所发挥的功效也会日益显著。

(3)CAT 软件辅助下的项目管理(Project Management)

翻译产业日益繁荣的今天,大量翻译任务需要在限定的时间完成。面对有限的时间和人力资源,"项目管理"概念越来越受到人们的重视。借助于 CAT 软件,项目管理的各个步骤更加便于操作。

Déjà Vu 具备了许多项目管理的功能。在项目管理的前期准备阶段,翻译项目管理者可利用 Déjà Vu 分析项目文本,评估其文字重复程度及术语分布情况。借助预翻译功能,项目管理者可事先将项目文本内的重复内容和术语翻译出来,这样一方面可以降低译员的劳动强度,另一方面可使管理者依据排除重复翻译后的实际翻译量分配任务并确定最终的劳动报酬,从而保证了任务和报酬分配的公平。

Déjà Vu 的记忆库和术语库都是明确的数据库文件,可以单独保存使用,这样不仅利于记忆库和术语库的管理和保护,而且便于译者间共享和传递数据文件,方便了各个译员之间的协作交流,保证了多人翻译同一个项目时译文的一致性,从而使翻译过程中的质量控制变得更为有效。

在项目管理后期,项目管理者也可以借助 Déjà Vu 对翻译项目进行初步校对。Déjà Vu 可对最终翻译结果进行语法拼写检查,并利用术语库对翻译结果中的术语翻译情况进行核对,如有出入,便会在编辑栏中做出标记,以提示项目管理者更改。

2. Déjà Vu 的优点

首先 Déjà Vu 能够比任何其他 CAT 更简单地锁定重复,只用轻松地执行一次 SQL 语句即可。

Déjà Vu 提供了非常灵活的导出功能,导出双语 Word 时,可以直接排除重复的句子、锁定的句子和100%及101%匹配,以及可去掉所有标记(导出的文件不含任何标记)。

Déjà Vu 的项目分发也非常简单,Déjà Vu 项目实质就是一个 Access 数据库(文件型数据库),可以直接分发给译者,译者直接打开翻译即可,不需要进行任何导入和导出操作,这一点比 Trados 和 MemoQ 都更简单直观。

Déjà Vu 的记忆库共享和 Trados 一样,可以放在局域网共享盘,所有内部译者都可同时加载记忆库。

3.1.3 Wordfast

1. 简介

Wordfast 是结合 Microsoft Word 使用的翻译记忆引擎。它可以在 PC 或 Mac 操作系统下运行。Wordfast 数据具有易用性和开放性,同时又与 Trados 和大多数计算机辅助翻译(CAT)工具兼容。它不仅可被用来翻译 Word, Excel, Powerpoint, Access 文件,还可被用来翻译各种标记文件。此外,Wordfast 还可以与诸如 PowerTranslator, Systran, Reverso 等机器翻译(MT)软件连接使用。另外,它还具有强大的词汇识别功能。

虽然 Wordfast 只是单个译员的辅助翻译工具,但是也可以很方便地将它融入翻译公司和大型客户的工作流程当中。所有这些强大的功能都是通过一个简洁的 Word 模板实现的。如果借助 LAN 或互联网络还可以实现数据共享。

Wordfast 与 Ms – Word 完全融合,而且它兼容 Windows, Mac Intosh and Linux。Wordfast 是一个开放的系统:可以使用几乎任何软件打开并编辑它的记忆库(TM)。Wordfast 具有可扩展性:用户可以添加自己的进程和宏——用户可以为它们添加输入区域,以便应对哪怕是最棘手的翻译项目。

2. 版本历史

伊夫·商博良有关 Wordfast 的最初构想是在 1999 年。当时只有很少的 TM 软件可供选择,而且都价格不菲,所以伊夫·商博良最初的想法是开发一种译员能够自己当家作主的 TM 软件包,其价格人们也可以承受。第二个想法是制作一种可以简便使用的工具,这样译员们就可以集中精神做工作,而不需要先变成计算机黑客。

伊夫·商博良于法国巴黎创办了 Wordfast,它为自由译者、语言服务供应者与跨国公司提供了翻译记忆独立平台的解决方案。它由一整套宏命令组成,可以在微软 Word 97 或更高版本中运行。截至 2002 年底,这个基于微软 Word 的工具(现称为 Wordfast 经典版)是一个免费软件。2009 年 1 月,Wordfast 发布了 Wordfast 翻译工作室版(Wordfast Translation Studio),它包括 Wordfast 经典版和 Wordfast 专业版。后者是一个独立的、基于 Java 的翻译记忆工具。

3. Wordfast 服务器简介

Wordfas 服务器(WfServer)是一种安全高效的翻译记忆服务器平台,可帮助语音服务提供商、跨国公司及翻译团队统一翻译质量,降低翻译成本,提高工作效率。凭借下一代翻译记忆技术的优势,WfServer 能够赋予每个译员参与服务器端合作翻译的能力。

(1)基于大型数据库的翻译记忆引擎

通过使用全新的翻译记忆引擎,WfServer 实现了业界最快速度、最大数据量、最强可扩展性和最大稳定性的完美结合。由于有了 WfServer,译员可以从此摆脱传统翻译工具专用数据库格式的束缚,可以根据实际业务需求自由地选择翻译记忆工具和迁移翻译记忆数据库,而不用担心以往的翻译记忆库格式兼容问题,避免了供应商锁定。

(2)WfServer 强大的团队协作功能

WfServer 强大的团队协作功能,使众多的内部或外部资源经由互联网与单个或多个翻译记忆库同时连接。项目全体人员因为能够实时利用翻译记忆库查询结果和一致性检索结果而受益匪浅。而语言团队的成员,无论他们身在何处,均可以从中直接获得极大的便利。

(3)WfServer 强大的系统管理功能

WfServer 使用直观的许可管理系统,通过该系统,项目经理和管理员可轻松指定、修改或取消项目成员的权限。

4. Wordfast 的优点

(1)提升工作效率

通常能够使工作的速度揾高 50% 左右。可以更准确地评估翻译项目的时间和成本,显著减少翻译错误,编写更为一致的翻译,建立企业翻译标准化流程;可以和全球译员实时连接,Wordfast Server 可大大提高翻译产出量,获得令桌面 TM 不可匹敌的高效率。

（2）节省经费

Wordfast Server 采用与服务器的单一 TM 相连接的方式，可最大限度地重复使用存储内容，与桌面 TM 相比，可节省 20% ~30% 的费用。

（3）高速度、高稳定性

Wordfast Server 可同时允许上千用户使用和共享数亿条 TU，而不影响性能；其翻译效率与手工作业相比大致可以提高 3 ~5 倍。可以大幅度地降低翻译的人工成本。实现重复的内容无需第二次翻译的目的。

（4）价值

以远远低于竞争对手产品的价格，获得了服务器端 TM 的最大利益，PDF 和 Word 原文件等进行快速语料回收建库，形成轨道客车行业的知识库。

（5）支持更多的语言

支持几乎所有语言，包括：南非荷兰语、阿尔巴尼亚语、阿拉伯语（各分支语系）、巴斯克语、保加利亚语、白俄罗斯语、柬埔寨语、加泰罗尼亚语、中文（各分支语系）、克罗地亚语、捷克语、丹麦语、荷兰语（各分支语系）、英语（各分支语系）、爱沙尼亚语、法罗语、法语（各分支语系）、盖尔语（各分支语系）、德语（各分支语系）、希腊语、希伯来语、匈牙利语、冰岛语、印度尼西亚语、意大利语（各分支语系）、日语、韩语（各分支语系）、拉脱维亚 – 列托语、立陶宛语、马其顿语、马来西亚语（各分支语系）、马其他语、毛利语、挪威语（各分支语系）、波斯语、波兰语、葡萄牙语（各分支语系）、雷蒂亚阶罗马语、罗马尼亚语、俄语、塞尔维亚语、斯洛伐克语、斯洛文尼亚语、索布语、西班牙语（各分支语系）、瑞典语（各分支语系）、塔加路族语、泰国语、刚果语、土耳其语、乌克兰语、越南语、威尔士语、班图语和祖鲁族语等 184 种语言。

（6）保证术语的一致性

WfServer 可支持添加多个行业术语库，术语库采用开放式、非加密的纯文本格式，便于维护或迁移，保证了企业关键术语的一致性。

5. 详细介绍

配合 WfServer，客户可以使用 Wordfast Classic 版本和 Wordfast Professioal 版本。Wordfast 是一种全新、高效的翻译记忆工具，能够充分满足译员、LSP 语言服务商、本地化公司、跨国企业的多方位需求。它高效灵活，易于部署和使用，具有处理大规模复杂翻译项目的诸多功能。Wordfast 具有业界领先的翻译质量检查模块，并且能够根据客户的需求自定义功能模块，Wordfast 拥有海量的第三方资源模块库可供译者选择。

（1）特点

①集多平台、开放式翻译记忆库于一体。Wordfast 计算机辅助翻译工具与 Microsoft Word 高度集成，是目前 Word 平台上最高效的翻译平台。Wordfast 是目前唯一一个能够运行于 Windows 和 MAC 及 iPhone，ipad，Android 多操作系统的计算机辅助翻译工具。通过使用模拟器，Wordfast 还能在 Linux 平台上运行与工作。Wordfast 生成真正开放式的翻译记忆库数据文件，明码、非加密、易读写、易维护、易分享、易保存，便于翻译记忆库管理人员随时访问。同时采用了符合行业工业标准的翻译单元切分方法并支持 TMX 翻译记忆转换格式及标记文本，Wordfast 的 TM 文件与 Déjà Vu，Trados，Catalyst 及大多数商用 CAT 工具兼容，避免客户对翻译工具厂商供应商锁定。

②高效便捷。与其他笨重的 TM 引擎不同，Wordfast 采用小巧的低损设计，含有强大的数据管理功能和优异的通用性，可直接翻译 Microsoft Office 文件或使用 Plus Tools 免费软件包翻译 HTML 和其他格式文件。Wordfast 的术语库可保证术语的统一性，无须购买其他术语插件工具。在翻译过程中或译后，Wordfast 通过其质量检查工具可随时显示翻译中常见问题，使编辑人员省力省心。

③兼容性及通用性。Wordfast 兼容任何支持翻译记忆转换（TMX）格式的翻译工具。Wordfast 的可兼容性，可使翻译公司与直接客户的工作流程实现无缝连接，而不必经过漫长的配置适应期或学习过程，因此能在 TM 功能、术语处理及质量检查方面带来许多额外的好处。

（2）支持的源文件格式

Wordfast 经典版可以处理以下格式：任何微软 Word 可以读取的格式，包括纯文本文件、Word 文档（doc）、微软 Excel（XLS）、PowerPoint（PPT）、富文本格式（RTF），以及带标签的RTF 与 HTML。

（3）支持的翻译记忆和词汇表格式

Wordfast 经典版与 Wordfast 专业版的翻译记忆格式，都是简单的制表符分隔的文本文件，可以在文本编辑器中打开并编辑。Wordfast 还可以导入和导出 TMX 文件，与其他主要商业机辅工具进行交流翻译记忆。单个翻译记忆中最多可存储 1 百万个单位。翻译记忆和词汇表的语序可以颠倒，这样可以随时切换源语和目标语。Wordfast 可以利用基于服务器的翻译记忆，并从机器翻译工具（包括谷歌在线翻译工具）中检索数据。Wordfast 的词汇表格式是简单的制表符分隔文本文件。Wordfast 专业版还可以导入 TBX 文件。词汇表的最大记录值是 25 万条，但只有前 3.2 万行可以在搜索过程中显示。

（4）文档

Wordfast 经典版的用户完整使用手册可以从 Wordfast 网站上下载，网站还提供免费培训和在线培训视频。

5. 选择使用 Wordfast 的理由

（1）跨平台支持

与其他翻译工具不同，Wordfast 可兼容多个平台，如 Windows，Mac OS 及 Linux。

（2）Microsoft Office 界面

直观的操作界面，可减轻用户的学习负担。大多数 Wordfast 新用户仅需几个小时便可透彻理解其各项功能。另外，Wordfast 支持其他 Microsoft Office 应用程序，无需过滤器即可支持 Excel 或 PowerPoint 之类的文档。

（3）外部资源的汇集点

借助于 Wordfast 同翻译记忆库、术语库、常用的词典或机器翻译引擎的无缝链接，译员可提高工作效率，降低错误率。

（4）用户自定义宏

Wordfast 的各项功能均可自定义，从而满足用户特定需求。Wordfast 的质量检查功能可纠正拼写错误、术语遗漏或规定用户的质量保障惯例。

（5）点对点连接能力

可与远程翻译团队连接，提高团队的工作效率。在基于互联网共享的 TM 的支持下，多个译员可同步工作。

（6）价格

尽管 Wordfast 有众多优点及与其他 CAT 软件的兼容性，其价格仅仅不到市面上常见同类工具的一半。Wordfast 是满足用户不断更新的需求，节省用户费用的最佳选择。

（7）术语库

每个术语库可支持多达 250 000 个条目，采用开放式、Tab 键分隔的纯文本格式，便于管理或转换。

3.1.4 雅信 CAT

1. 简介

与机器自动翻译系统（Machine Translation，MT）不同，雅信（YaXin CAT）系统是一种计算机辅助翻译系统，主要采用翻译记忆（Translation Memory，TM）和人机交互技术，可以提高翻译效率、节省翻译费用、保证译文质量，适用于需要精确翻译的小团体和个人。

雅信系统附带有 70 多个专业词库、700 多万的词条资源。系统本身具有库管理功能，可以随时对语料库进行管理，包括增加、删除、修改语料库和充实、丰富语料库。库管理分词库管理和语料库（记忆库）管理。

2. 系统功能

（1）翻译

雅信是一套专业的辅助翻译系统，它提倡人与计算机优势互补，由译者把握翻译质量，计算机提供辅助，节省译者查字典和录入的时间；系统还具有自学习功能，通过翻译记忆不断积累语料库，减少重复劳动，降低劳动强度，避免重复翻译。它能够帮助译者优质、高效、轻松地完成翻译工作，一个熟练的用户速度可提高一倍以上。

（2）库维护

库维护功能是对用户积累的资源进行集中管理，可增加、删除、修改语料库，充实、丰富语料库，并使语料库更精确、更实用。库维护功能可以分别对词库管理和语料库（记忆库）管理。

（3）CAP（项目管理）

项目管理是对翻译项目进行科学管理的工具，可在译前提供待译文档统计数据，保证译文质量和术语统一。在翻译前，可以先对项目做译前分析，从记忆库中提取本次项目可以参考的词库、记忆库，并且产生分析结果（主要内容为本项目的工作量和记忆库中可直接利用的句子数量）和片段预测结果（对本项目中的文字直接进行统计处理，可预报单词、词组或句子出现的频次。对高频次的片段可在统一定义后添加到词库或记忆库中），大大简化了项目的组织和管理。提取出的参考语料库可通过各种方法分发（比如磁盘、局域网或电子邮件附件），便于灵活地组织翻译项目。

(4)CAM 快速建库

对于以前翻译的历史资料,可以利用 CAM 快速建立为记忆库,以便在翻译时参考使用。这样,对于刚开始使用系统的用户来讲,可以大大缩短记忆库积累的时间。

3.系统特点

(1)优秀的记忆机制,一次翻译,永远受益

相同的句子、片段只需翻译一次。系统采用先进的翻译记忆(TM)技术,自动记忆用户的翻译结果。翻译过程中,系统通过独创的搜索引擎,瞬间查找记忆库,对需要翻译的内容进行快速分析、对比,对于相同的句子无需翻译第二遍。历史素材的重复利用,不但提高了翻译效率,而且达到了翻译结果的准确和统一,同时还降低了成本、节省时间。

相似的句子、片段系统自动给出翻译建议和参考译例,用户只需稍加修改即可完成翻译工作,甚至可选择自动匹配替换,直接得到翻译结果,避免重复性劳动,提高工作效率。

用户可以通过网络共享资源,不但自己翻译过的内容无需重复翻译,别人翻译过的内容也可以利用。还可利用系统中的 CAM 模块自动建库,把以往翻译过的内容转换为可供系统使用的记忆库,从而重复利用过去的资源。

(2)与 MS－Word 无缝对接,翻译排版一次完成

雅信系统是针对流行的 Office 文档开发的,实现了与 Ms－Word、Ms－Excel、Ms－PPT 的无缝对接,用户的翻译过程在 Office 中进行。用该系统进行翻译就像在 Office 上添加了翻译功能一样方便,用户主要的工作界面就是 Office 本身,翻译结果和原文版面、格式完全相同。翻译、排版一次完成,一举两得。

方便的人机交互方式,最大限度地提高翻译效率,系统针对专业翻译的特点,提供了多种方便快捷的交互手段。在翻译过程中,系统自动提供整句的参考译文、片段译文、智能联想、语法提示及每个单词的解释,就像从大到小的一系列积木,由用户将其组成通顺的译文。这样可大大减少不必要的机械劳动,突出了人在翻译过程中的主导作用。

指点之间,华章尽现。对于不习惯中文输入法的用户,翻译过程所有的操作几乎都可通过点取鼠标来完成。习惯使用键盘输入的用户可以通过系统提供的快捷方式,方便地取句翻译输入译文,其速度可超过任何现有的输入方法,击键次数成倍降低。

用系统翻译平台做翻译,就像做智力游戏,工作从此不再枯燥乏味,而是充满乐趣与享受。随着使用次数的增加,记忆库中的例句和片语将会越来越丰富,译者的翻译速度也会越来越快。系统翻译帮人完成机械的、琐碎的、重复的劳动,真正的译者只需将注意力集中在创造性的工作上。

(3)项目管理化,建立标准翻译机制

对于数量较大的翻译项目,使用“雅信 CAT(4.0)系统”可以在翻译之前,通过“项目管理”结合已有的翻译记忆库自动对需要翻译的文件进行分析,估计翻译工作量、时间和费用。同时生成翻译项目统一的语汇表,可由项目负责人对项目中要用到的语汇统一定义,保证译文中语汇前后一致。项目组可定期汇总语料库,资源共享,减少重复劳动。若使用网络版,在局域网工作的小组更可通过服务器,实时更新语料库,达到资源完全共享,最大限度地减少重复翻译的过程,进行项目化管理。

（4）方便的例句搜索，提高翻译准确度

如果个别词义拿不准，可使用系统翻译平台的快速搜索引擎，对选定的任意词、词组的组合进行例句搜索，在例句库中查找包含被选定语汇的典型例句，作为翻译参考。

（5）语料库丰富，近百个专业库任意切换

系统翻译平台系统提供了庞大的专业词库，词汇量达 1 000 余万条，涉及 70 多个常用的专业。用户可随意选择单个或多个专业。

（6）翻译结果以双语形式保存，方便校对和复用

翻译后的句子以原文、译文双语对照的形式保存，校对和修改非常方便。校对后的双语文档，可以直接生成为记忆库，以供重复使用。

系统的定时存盘功能，为保护用户的劳动成果。系统每隔 5 分钟把双语保存一次，如果退出时没有存盘或系统异常退出，下次启动时会自动打开备份的双语文件。如果用户在 Office 中翻译，定时存盘的任务由 Office 完成。

4. 系统价值

（1）高效地组织翻译项目

系统提供了先进的项目管理工具，用户可以利用它轻松组织多人参与的大型翻译项目，有效控制和提高项目质量，合理调配人力资源，确保项目按时完成。

（2）节省翻译成本

利用系统的翻译记忆技术，永远不需翻译相同的句子；利用模糊匹配技术，相似的句子也只需稍加修改。对于长期从事专业翻译的用户，资料的重复率相对较高，效率提高就更加显著。例如，设备说明书的不同版本之间，重复率通常都在 30% 以上，有的甚至高达 90%。利用该系统后，节省了大量的人力物力，效果非常可观。

（3）提高译文的一致性

对于多人参与的翻译项目，要做到专业用语和习惯用法的统一往往很困难，这种不一致性常导致整个项目质量的下降或大量的校改。而利用系统中的项目管理工具，不但可事先对项目中用到的专业用语进行统一，还可以对某些固定句式（比如 copy ＊ to ＊）的译法进行规范，这样可有效保证整个项目中译文的一致性，显著提高项目质量。

（4）翻译更快更轻松

利用系统提供的译校工具，翻译人员可以不必考虑原始文档的格式，也不必学习多种排版系统的用法就可以高效地完成任意文档的翻译。只需面对"系统审校"简单的翻译界面逐句翻译。对于定义好的单词或词组，只需用快捷键或鼠标选用。而且，还提供了智能提示技术——当输入第一个字母或汉字时，系统就会提供高度准确的推测，只需从候选条目中选取，这样不仅保证了输入的正确性，而且可节约大量的输入时间。

（5）校改更方便

"系统审校"提供了非常方便的校改界面，原文和译文逐句对照的形式免除了在原文中查找对应部分的枯燥劳动，并可以在校改完成之后，生成审校评价报告，便于对译员进行质量评价和反馈。

3.1.5　TRANSIT

1. 软件简介

TRANSIT 是瑞士 STAR Group 开发的一套功能完善的计算机辅助翻译系统,专为处理大量且重复性高的翻译工作所设计。

TRANSIT 同时也是提供本地化工具和技术翻译服务的专业软件,支持超过 100 种以上的语言格式,包括亚洲、中东及东欧语系。广泛被应用于企业全球化作业程序。

STAR Group 总部位于瑞士,在全球 30 个以上国家地区设有营运点,是现今颇具规模的多国语言服务与技术性通信/翻译供应商,提供各种解决方案,以协助企业确保资讯及品质最佳化。

2. 翻译记忆

翻译记忆工具能够协助翻译人员克服工作上的成本与数量管理。除了可以达成最迅速的翻译,还能够维持高水平的文件品质。绝大多数的翻译记忆工具能确保品质,同时节省开销,甚至还可以为翻译专业人员管理作业程序。有些翻译记忆工具,比如 TRANSIT,使用时只需要将翻译的文档汇入,接着利用历史纪录文档中的"翻译记忆"(TM 或称参考资料)来进行全自动或半自动翻译,最终再将翻译好的文档汇出,完成递交高品质译文之工作。

3. 运作流程

TRANSIT 针对各种语言均采用单一作业流程。

(1)汇入

TRANSIT 自原始文件中将格式化资讯撷取,它能够支持所有通用的桌面排版、文字处理和标准文档格式。TRANSIT 在进行筛选的同时会将文字与文件架构分开处理。在汇入的过程中,TRANSIT 会自动将待译文档与数据库里过去曾完成的翻译做相互比较、进行筛选过滤,并自动利用、取代完全相同及相似度高的译文。由于所有原始内文及其过去的翻译皆储存在翻译记忆(TM)中,在汇入时,TRANSIT 会利用翻译内存档案执行自动预先翻译,将文件预先翻译成所选定的语言。

(2)翻译

TRANSIT 能协助翻译人员进行翻译,并提供:适用于所有专案的单一供应环境、以翻译为导向的多视窗编辑器。在翻译内存中的比对搜寻,透过 TermStar 术语字典自动进行术语搜寻。

(3)汇出

一旦在 TRANSIT 中完成翻译后,翻译人员就可将已完成的翻译经由 TRANSIT 汇出。在汇出过程中,TRANSIT 会重新将原始文件架构至已翻译的内文中。因此,最终得到的仍是一份具备原始文档格式的翻译文件。

(4)TRANSIT 为企业提供最佳翻译的技术解决方案

由于 TRANSIT 具备翻译记忆及品质管理的功能,专案经理可以妥善管理企业内部的翻译专案,完全应付如 FrameMaker,XML,HTML,MS Word,Powerpoint,Adobe Indesign 等主流文档格式。同时也能够管理旧有翻译与专业术语,向译者提供翻译时的建议与参考,借此提高翻译人员的生产力,减少人力成本。

4. 特色

将同一专案中多个文档以单一文档进行管理。可自动翻译文件内容,并提供数据库中翻译及用字建议(亦即 TM 翻译记忆系统)。加速重复性高的翻译作业。操作及学习简易,支持绝大多数文档格式。经 TRANSIT 格式化建立的文档,多数维持在 10 KB 以下,所占空间资源极小。可轻松管理及更新翻译记忆资料。可以自己定义使用者接口,可将翻译文档合并加载,进行整体专案的浏览、搜寻/取代、拼字与格式检查工作,并进行存取。具备进度显示功能。执行速度完全不受专案大小影响或限制。即便在具备最少工作资源的电脑上运作,仍有令人满意的成效。可与 DTP(排版)系统相互整合,具备一致性之品质监控。

5. 支持的文档格式

TRANSIT 几乎可以支持所有文件格式。

6. 版本

TRANSIT Professional 含有专案管理与团队翻译所需之完整功能,适合专案经理人与独立翻译工作者使用。TRANSIT Workstation 除无法进行专案汇入与汇出外,包含 Professional 版的所有功能,适合经常从派案人员手上承接项目翻译的工作者。TRANSIT Smart 具备自由及独立译者所需的所有功能。

7. 试用推广

TRANSIT Satellite PE 是一套同样由 STAR GROUP 团队研发,完全免费的个人版翻译记忆工具,提供翻译工作者随时随地取得案件,让翻译管理人员可以直接将"Satellite PE 使用者"所完成的译文汇入 TRANSIT 当中,大大提升翻译流程与工作效率。TRANSIT Satellite PE 的特色是专为那些平日与翻译公司或企业机关合作的特约翻译人士(freelancer,俗称自由译者)所开发。翻译人员可以独立承接专案、进行翻译工作,并将完成之专案提交负责统筹翻译业务的专案经理人。目前 STAR Group 官方网站上提供 TRANSIT Satellite PE 试用版免费下载。

3.1.6 Transwhiz(译经)

1. Transwhiz 简介

Transwhiz(译经)是台湾欧泰(Otek)公司开发的"中英 – 英中"和"日英 – 英日"双向翻译系统,分为专业版和实用版。

该翻译软件不仅能翻译整篇文章或档案、个别词汇、短语或句子,还可随时在网上做翻译工作,也附有字典搜查功能,均可即点即译。结合 AI 人工智能翻译引擎,支持很多文档格式,如 Word,Excel,PowerPoint,PDF,TXT,HTML。在 PDF 和 PowerPoint 文档内,直接翻译。特别提供繁简中文互转、中英朗读等功能。字典词库更多达十万字,另有计算机、化工、商管等十多个领域的专业字典。使用者可自建专业字典,提高翻译准确性。

译经 10.0 是译经翻译系统的最新版本,采用了欧泰独家研发的 MLM(Multiple Layer Module)多阶层模组匹配翻译引擎,结合 Fuzzy Search 翻译记忆库,提供公认正确率最高的翻译结果,能有效解决企业、学校、个人及专业译者的翻译困扰,不管是 Office 文件、Acrobat PDF 文件、即时通信（Messenger）或网页翻译,译经都能满足译员/公司/单位对翻译的需求。

MLM（Multiple Layer Module）多阶层模组匹配翻译引擎:这是欧泰最新开发、采用 18 层递回文法匹配模组和语意分析、内建新一代人工智能、能够大幅提高翻译正确率的翻译引擎。各种文法从句、倒装句和复合句都难不倒它,摆脱目前市面上一般翻译软件给人只能拿来做字典及语言学习工具的刻板印象,将翻译软件从字典功能提高到可以实际翻译文档应用的境界。

译经是许多著名大学及专业团体指定的翻译软件,除了作为台北市立图书馆、政治大学翻译中心、文化大学、玄奘大学全校指定使用的翻译软件之外,更被青云应用外语系、南亚应用外语系、高雄第一科技英语系采用为英语系学生翻译课程的上课教材。译经也是台湾很多翻译社、专利事务所、医生、研究院和中央研究院等单位指定使用的翻译软件。

2. 译经 10.0（Transwhiz 10.0）主要功能及专业版与实用版的功能差异比较（表 3 - 1）

表 3 - 1　译经 10.0 专业版与实用版的功能比较

区分类别	主要功能	专业版	实用版
MS Office 和 Acrobat Reader 支持	Transwhiz Word Workbench（Word 翻译工作平台）	是	否
	Office 文件整合翻译	是	是
	PDF 文档翻译	是	是
翻译功能	内建 Fuzzy Search 翻译记忆库（TM）	是	是
	支持反向翻译	是	否
	多档批次翻译	是	否
	RSS 自动翻译	是	否
	MSN，Yahoo 即时通信翻译	是	是
	支援客制翻译引擎	是	否
	整合式字典查询	是	是
	网页全页翻译	是	是
	简繁翻译功能	是	是
应用程序支持	秘书拍档英文书信写作	是	否
操作介面	整合式翻译平台	是	是
	文法解析图	是	否
	中英文语音功能	是	是
	文法程式自动更新	是	是
字典功能	完整的专业字典	是	是
	智能词汇搜寻	是	否
	鼠标点查即时翻译	是	是

（1）专业版独有功能介绍

①RSS 自动翻译：自动翻译 RSS 订阅的标题、摘要和全文，可各别设定更新时间和翻译套用的专业字典，是浏览英日语外文 RSS 必备工具。

②秘书拍档英文书信写作：提供 200 分类，超过 8 000 句英中对照例句及各类型信件范本，修改部份文字即可翻译套用，是快速写作英文书信的最佳工具。

③Transwhiz Word Workbench（Word 翻译工作平台）：Word 翻译工作平台是译经 9.0 特别针对习惯在 Word 程序进行翻译作业的使用者所设计的整合式翻译平台。它在 Word 程序提供了一部分整合式翻译平台的基本功能（翻译、字典及翻译记忆库），可以直接翻译目前游标所在的 Word 句子，完成翻译和编辑后，将译文句子存回到 Word 文件和翻译记忆库中，再继续下一句的翻译。这个功能最适合专业译者，快速又能记忆的 Word 翻译工作平台，是完成短时间翻译大量 Word 文件不可或缺的秘密武器。

④支持反向翻译：提供译文反向翻译之功能，使用者可以依据译文的反向翻译来判断译文的准确度作为修正译文的参考。

⑤提供翻译文法解析图：提供翻译的文法解析图，将句子的词性、字义及文法结构做完整的分析，可以让使用者彻底了解句子的特性，属专业性功能，对语言学习有莫大助益。

⑥文件词汇搜寻功能：翻译前先从原文搜寻出专业字词，事先加入字典，可以大幅地提高翻译准确率。

⑦支持定制、特定翻译引擎：使用者可以自建特定语言的翻译引擎及翻译记忆库，来翻译特定语言的文章，让其他语言的翻译工作一样轻松容易。

⑧多档批次翻译：可一次设定多篇欲做翻译的文档及存档位置，然后执行整批翻译作业，节省单篇翻译、存档的反复操作时间，快速掌握工作进度。

（2）专业版和实用版共同功能

①支持最多档案格式：译经电脑翻译系统支持很多文档格式，包括 PDF 文档、TXT 文档、Word 文件、Excel 工作表、Outlook 信件、PowerPoint 文件、HTML 网页、RTF 文件和 RC 文件，帮助使用者解决大部份文件格式的翻译问题。

②Office 文件整合翻译：译经可以在 Office（如 Word，Excel 等）程序内嵌翻译选项，可以直接翻译 Word 文件、Excel 工作表、Outlook 信件、PowerPoint 文件，并且保留图文格式不变，节省译后排版时间。

③PDF 文件翻译：译经支持 Acrobat PDF 的文件翻译，在 Acrobat Reader 内嵌翻译选项，将 PDF 文件直接读入译经多视窗整合式平台来做翻译，借由强大的译后编辑功能，使译者翻译 PDF 文件时能得心应手，不需要繁复的粘贴过程，就可顺利完成翻译工作。

④内建 Fuzzy Search 翻译记忆库（TM）：采用资料库技术，可以记忆编辑过的句子，累积翻译知识，翻译时可以直接套用或查询，同样的句子无须翻译第二次，是新一代翻译软件必备的重要功能。

⑤提供完整的专业字典支持：译经英中双向版本除了基本字典外，还内含资讯电子、机械、化工、土木、医学、法律、财经、商业书信、商业管理和保健等十多类专业字典，可以针对

不同的专业文章来搭配适合的专业字典做翻译,这样可以确保翻译结果的专业性,不会出现类似 spring 这个字在"机械"类文章译出"春天"而不是"弹簧"的情形。

译经日中双向版除了基本字典外,还内含资讯电子、机械、化工、医疗保健、法律、财经和娱乐等多类专业字典,可以针对不同的专业文章来搭配适合的专业字典做翻译,这样可以确保翻译结果的专业性,不会出现类似"渍"这个字在"财经"类文章翻出"盐腌"而不是"套牢"的情形。

⑥即时通信翻译:对于 MSN(Windows Live Messenger),Yahoo Messenger 等即时通信软件,即时翻译收到的文字,并且也可以翻译要送出的文字。从此和外国人沟通不再是鸡同鸭讲。

⑦多视窗整合式翻译平台:译经提供个人化的整合式翻译平台,结合翻译、字典及翻译记忆库,以多视窗关联显示,提供以下界面。

整合翻译:可以翻译各种文档,提供批次、整篇、单句和重新翻译等多种翻译模式。还可以显示其他可能的翻译结果。

文法解析(专业版):提供翻译过程的文法解析,使译者了解电脑如何执行翻译工作。

反向翻译(专业版):提供翻译结果的反向翻译,有助于论文的写作。

字典功能:游标字即时查询、详细字典查询、字典编辑和译文的查询替换。

翻译记忆库:译文句子对记忆库的即时查询、套用和记忆库的更新功能。

语音:支持原文和译文的中英文单字或句子的发音。

游标单字原文译文对照连接,可以查询其他解释,即时替换,支持鼠标拖拉,是最人性化的译后编辑界面。

⑧整合式字典查询:同时显示查询字词的解释、相近字和该字词在所有专业字典的解释。

还可以管理自己的生字笔记,是复习生字的最佳工具。

⑨定期程序文法自动更新:内建自动更新机制,定期更新完整的程序、文法和专业字库,让翻译引擎随时拥有最新的文法并有效提升翻译准确率,非其他仅可提供新字下载的翻译软件所能相比。

⑩网页即时翻译:搭配专业字典,即时翻译国外网页,是遨游国外网站、寻找资料、国外网络购物或公司网站全球化不可或缺的利器。

⑪快速便捷的鼠标点查:可应用于任何程序下(包含 PDF 文件),鼠标移到那里,就可以直接翻译整行文字或查询单字,是浏览网站及阅读国外文件的好帮手。

⑫智能型简繁翻译:提供繁体和简体的文字转换,此外还针对大陆与台湾提供不同的用词转换,开放式的字典架构,可以让使用者自行增加对应新词,提升翻译准确率。

⑬完整的英语音功能:除了支持鼠标点查发音功能外,也提供英文发音,可做全篇或部分的朗读,是学习语言的最佳利器。

⑭自动判别假名汉字和语尾变化(日中双向):可以自动判别假名汉字和语尾变化,亦可显示外来语来源字。中译日可选择译文文体,敬体或常体。

⑮不需注册即可使用:安装完毕后,不需经过注册即可马上使用,且无安装次数限制(仅限个人使用),无须担心电脑重复安装或更换电脑后产品无法使用的问题。

3.1.7　Heartsome

1. 简介

Heartsome Translation Studio 是由瀚特盛科技有限公司倾力打造的一款 CAT 工具,在易用性、扩展性、移植性等方面,达到了行业领先的水准。Heartsome Translation Studio 8.0 以基于 XLIFF 1.2 开放标准的 XML 格式作为翻译记忆库和术语库的交换文件格式,使用 SRX(Segmentation Rules Exchange 1.1 版及更低)标准作为文件分段规则,可完美支持同类 CAT 工具的标准交换格式文件。

2. Heartsome Translation Studio 8.0 特性描述

(1)全新的用户界面

采用全新设计的一体化界面,更加注重提高用户体验,可以在一个界面中完成从文件准备到译后处理的所有流程。主界面提供多个操作面板,可以根据用户个人喜好,自由地拖动、最小化、最大化它们,或者切换纵横布局。

新设计的翻译编辑器面板,支持显示整篇文档的所有句段,极大地方便了上下文查看,同时可以调整翻译面板中源文列、目标语言列和状态列的位置。

同时,也可以在一个界面中管理所有的记忆库和术语库,自动保存所有使用过的数据库服务器连接信息。

(2)全新的项目管理

新设计的项目管理面板,支持多种拖放操作和批量操作,可以帮助译员完成诸多项目文件管理相关的工作。可以将文件/文件夹在项目管理面板和磁盘之间来回拖放,也可以在项目管理面板默认文件夹中直接来回拖放。还可以选中整个项目、任意文件/文件夹进行批量操作,包括字数分析、预翻译、锁定重复文本段、品质检查、转换为目标语言等。

(3)更多的文件类型支持

Heartsome Translation Studio 8.0 对 7.0 版本的文件转换器进行了深度优化,采用了全新、高效的 XML 解析器,将更加高效和准确地抽取翻译文本内容至 XLIFF,同时还增加了更多项目中常见的文件支持,提高了项目本地化的质量和效率。Heartsome 提供的高级功能插件"配置 XML 转换器",更是可通过配置以支持所有基于 XML 格式的文件。

(4)增强的翻译引擎

增强了相关搜索功能,译员可以在查询记忆库时定义筛选条件,以便更快、更准地找到更合适的译法。例如,在 TM 中查询"sample"一词,可以排除目标文本段中包含"样本"的翻译单元,以便搜索"sample"的其他译法。相关搜索还可以显示其他目标语言列,例如,源文为英文,目标语言同时显示简体中文和繁体中文。

Heartsome 还会即时检索术语库,在术语面板中顺序显示。术语匹配面板除了显示匹配术语列表,还显示术语的属性(来源)。例如,在加载多个术语库后,可以通过属性信息区分术语匹配的来源,这样有助于保持一致性。

另外,增强了基于样例的机器翻译(Example Based Machine Translation, EBMT)算法,支持在一个匹配中同时替换多个术语。

(5)独创的机器翻译预存功能

同时支持 Google Translate,Bing Translator 两个机器翻译引擎,并首创将机器翻译内容预存于 XLIFF 文件中,可以用作 TM 供团队成员参考,这样译员可实时获得机器翻译,无需等待,也无需因重复访问机器翻译 API 而重复支付费用,有助于节约本地化项目制作成本。

(6)灵活的品质检查

增加了更多的品质检查项,能最大限度地保证翻译质量。同时也提供了灵活的检查设置,可以设置在完成翻译或批准时自动执行品质检查,也可以手动执行对单个文件、多个文件或整个项目执行品质检查。支持的品质检查项包括:术语一致性、数字一致性、标记一致性、非译元素、段首/段末空格、文本段完整性、译文字数限制、拼写检查、文本段一致性。

(7)全新的 RTF 外部校对支持

可将 XLIFF 文件内容导出到 RTF 文件中进行外部校对,同时也能将外部改动再更新到 XLIFF 中。通过这一外部扩展的支持,能让译员更灵活地做质量控制,提升项目质量信誉。

(8)更多的数据库类型支持

Heartsome Translation Studio 8.0 除了内置一个高效的数据库服务外,还支持 Oracle, MySQL Server, PostgreSQL 等主流数据库。更令人兴奋的是,它还支持云端数据库,例如 Amazon RDS。记忆库或者术语库可以很容易让全球各地的团队成员或者自由译者实时共享访问。

(9)更加灵活、安全的许可证管理

全新升级的许可证管理机制,支持自助在线激活、取消激活许可证,免人工处理。同时,支持一个许可证可在多台计算机上迁移使用,包括译员的台式机、笔记本或其他地点的机器。许可证的在线联网验证,为用户的许可证管理提供了更加安全的机制。

3.各版本差异(表 3 - 2)

表 3 - 2　Heartsome Translation Studio 各版本差异表

产品功能		精简版	个人版	专业版	旗舰版
项目管理功能	项目向导与属性设置	√	√	√	√
	项目分发功能(项目包)			√	√
	项目字数分析功能(每个文件夹和汇总)		√	√	√
记忆库管理功能	本地记忆库/术语库支持			√	√
	远程记忆库/术语库支持			√	√
文件管理功能	文件转换		√	√	√
	分割/合并 XLIFF 文件			√	√

表 3 - 2(续)

产品功能		精简版	个人版	专业版	旗舰版
翻译功能	翻译编辑功能	√	√	√	√
	编辑源文	√	√	√	√
	预翻译		√	√	√
	智能锁定重复文本段			√	√
	繁殖翻译			√	√
	快速翻译		√	√	√
	机器翻译支持(Google 和 Bing)		√	√	√
	翻译进度分析		√	√	√
	文本段过滤功能	√		√	√
	上下文匹配				√
品质检查功能	RTF 文件外部校对支持				√
	批量翻译一致性检查		√	√	√
高级功能	免费插件和插件配置			√	√
	预存机器翻译(缓存)				√
	自定义分段规则和 XML 转换器配置			√	√

3.2 在线智能语言工具平台

3.2.1 译库

1. 关于译库

译库是以大数据、云计算、自然语言处理等技术为基础,以跨语言大数据处理为核心价值的信息处理平台。该平台充分利用自然语言处理领域最新的先进技术构建和提供包括机器翻译、语言资产(翻译记忆、术语库等)、辅助翻译等多个工具,未来将进一步提供出开放的多语种语音识别、跨语言信息搜索、多媒体翻译等工具。译库以互联网的开放性思想向互联网用户提供了以下四种开放服务,包括开放式多语机器翻译、开放语言资产共享、开放式计算机辅助翻译和面向开发者的开放接口服务。译库的宗旨是希望通过提供好的免费工具、开放共享的资源为互联用户提供价值,进而推动语言服务业的创新发展。

2. 开放多语机器翻译

译库开放式多语机器翻译是实现提供以汉语、英语为中心向其他语言之间互译的机器翻译平台,对互联网个人用户提供完全开放服务,为商业机构提供限量开放或者定制化服务。区别于谷歌、百度等的通用机器翻译,译库提供基于特定领域的机器翻译以大大提高机器翻译的质量和机器翻译的商业价值,译库甚至为拥有大规模数据的客户提供个性化机器翻译训练服务。译库机器翻译允许互联网用户在使用机器翻译的同时修正机器翻译的结果,通过不断贡献正确的知识,帮助系统自我学习和提高翻译质量。译库机器翻译是以统计翻译学理论为核心的机器翻译技术,语言数据是统计机器翻译的动力燃料,所以译库机器翻译实质上是一个语言大数据分析处理的技术平台。

3. 开放语言资产共享

语言资产(Linguistic Assets)是指组织在语言服务生产过程中形成的、由组织拥有或者控制的、预期会给组织带来经济利益的语言资源,它是组织从事语言服务生产经营活动的基础,是一种以语言形式表现的、可用于组织经营管理中的无形资产。平行语料库、术语库、翻译记忆库等都是语言资产的管理的内容。任何高质量准确的语料数据都是人类智慧共同的财产,有着非常重大的社会和经济价值。在整个互联网上并不缺少这样的数据,而数据因非常零散地分布在互联网上而无法被有效利用而浪费,是低价值密度的大数据。

译库是我国首个开放式语言大数据资源共享交换平台,开放资源共享,提供开放服务。译库开放语言资产共享平台是一个为基于互联网的个人语言资产管理的工具,提供云端语言资产管理和云存储服务,用户可以在线使用自己的语言资源以获取高翻译效率,也可以通过开放接口将自己的翻译管理系统或者辅助翻译系统集成起来。译库吸引和鼓励互联网用户在这里上传、分享自己的语言资产并相互交换,平台提供语言资源的管理、检索、分享、交换和评价工具。译库让来自全球的各种语言资源能够在这里快速汇聚、聚合并最终产生聚变。译库语言资产由互联网用户共同创造并最终服务于互联网用户。

4. 开放计算机辅助翻译

译库开放辅助翻译是一个基于 WEB 的辅助翻译工具,也是一个免费开放的互联网工具;用户无须购买和安装任何软件,随时随地通过电脑浏览器或者移动终端就能获得传统商业 CAT 软件和传统模式下无法实现的更强大的功能;用户可以利用该工具进行在线翻译和翻译管理,可以在线调用机器翻译和翻译记忆库;支持数十种常见文档格式的自动分析处理和译后文档还原;还能提供基于互联网的在线协作翻译能力;等等。

译库辅助翻译,它能够帮助翻译者优质、高效、轻松地完成翻译工作。它不同于单纯的人工翻译或机器翻译,而是在人机共同参与下采用后编译技术完成翻译,可以大幅度提高翻译效率和翻译质量。机器翻译和翻译记忆库是译库辅助翻译的技术核心,译库辅助翻译中可以使用译库机器翻译,可以使用私人的或者共享的语言资产(翻译记忆库),所以译库辅助翻译是对译库机器翻译和语言资产集成应用的最佳实践。机器翻译、语言资产、辅助翻译和翻译管理之间的关系见图 3 - 1。

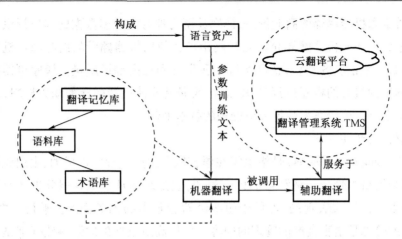

图 3 - 1 机器翻译、语言资产、辅助翻译和翻译管理之间的关系图

5. 译库开发者平台

译库是一个开放的平台,其开放性不仅仅在于用户可以自由使用网站的功能和资源,还提供了开发者平台。译库开发者平台提供开放的开发接口和开发帮助文档,互联网开发者可以利用开发接口开发自己的个性应用,包括应用软件、网站或移动应用等,例如用户可以利用译库的开放接口开发自己的翻译管理系统。译库开发者平台为机器翻译、语言资产和辅助翻译三者都提供了开发接口,如图 3 - 2 所示。译库开发者平台让译库的边界进一步得到延伸,通过互联网开发者的力量让译库更加开放给互联网。

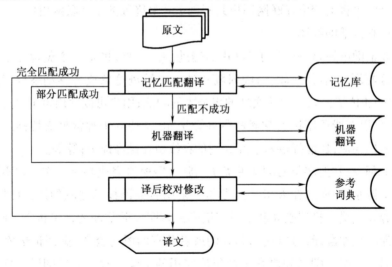

图 3 - 2 译库辅助翻译流程示意图

3.2.2 TMXmall

1. 关于 TMXmall

TMXmall 是国内最大的翻译记忆库检索交换平台,为广大网友提供在线翻译、在线词典、英语学习资料、翻译记忆库上传下载交换等服务,致力于提供优质权威的翻译记忆在线

服务。产品由上海一者信息科技有限公司研发,该公司致力于云翻译记忆库技术与产品的开发与应用,包括海量翻译记忆库处理技术、分布式信息检索技术、翻译记忆库交换平台、翻译记忆库 API 输出,以及云翻译记忆库解决方案等。主要产品包括语料在线对齐、公有云语料交换、CAT 集成技术、私有云语料管理,以及语料商城交易平台等,平台每日自增长的语料数据超过百万句对,是行业最具影响力的语料生产与共享交易平台。

2. TMXmall 平台介绍

(1)翻译记忆库检索与交换平台

TMXmall 的中英翻译记忆库公有云平台,具备搜索、上传、下载、账户管理和积分购买等功能。平台支持中英双向检索,检索速度快;语料超过 7 200 万句对,总字数达 15 亿字,且在持续增长;语料质量高,均经过人工审核;语料涵盖面广,覆盖经济、数理科学和化学、生物科学、医药、卫生、石油、天然气工业、能源与动力工程、机械、仪表工业、自动化技术、计算机等行业和领域。平台开放语料采用众包编辑模式,人人参与编辑、校对、评比,不断完善语料质量,共同建设高质量的语料平台。

(2)云翻译记忆 API

云翻译记忆 API 将平台超过 6 000 万记忆库和千万术语库集成到桌面版 CAT 和在线辅助翻译系统中,可以便捷高效地为译员提供译文参考。目前云翻译记忆 API 已接入 SDL Trados(2017/2015/2014/2010/2009)、Transmate、VisualTran 和 MemoQ 等 CAT 软件。

(3)翻译记忆库私有云

TMXmall 翻译记忆库私有云是指用户可以将多个翻译记忆库上传至云端,在云端可对翻译记忆库进行检索、分享、下载、删除等管理。有支持多人同时并发检索、大数据预翻译、兼容多款主流 CAT、团队协作翻译、实时共享 TM 等特点。可对中文、英语、日语、韩语、德语、法语、俄语、西班牙语、葡萄牙语、阿拉伯语共 10 种语言的记忆库管理。

翻译记忆库私有云具备六大功能:支持团队协作翻译、安全高效分享记忆库、助力大数据预翻译、支持中英双向检索、接入多种主流 CAT、用户自行管理记忆库。

(4)在线对齐工具

在线对齐省去了用户下载和安装对齐软件等一系列烦琐的过程,可以随时随地地使用在线对齐服务。此功能提倡先段落对齐,再句对齐,这样能够很大程度地提高对齐精确率。

与其他对齐工具相比,在线对齐提供非常人性化的交互界面,方便快捷地调整对齐结果,极大程度地提高文档对齐效率和用户对齐体验。

此外,自主研发的智能对齐算法可以自动对齐原文和译文中"一对多,多对一,多对多"的句子,使得原本需要人工介入的连线调整工作完全被自动化程序替代,并支持去重、替换、术语提取等高级操作,从而大幅度降低人工干预的工作量,使得对齐真正变得高效简单。

用户使用在线对齐除了可以直接导出 tmx 文件,还可以一键将 tmx 导入私有云记忆库,并能通过个人中心快速检索对齐后的语料库。在线对齐和私有云的结合,全面打通了语料生产和语料管理利用的两个环节。

在线对齐的功能点如下:

①支持双文档对照和中英上下对照文档对齐;

②双文档对齐支持中文、英语、日语、韩语、德语、法语、俄语、西班牙语、葡萄牙语、阿拉伯语共 10 种语言、90 种语言对的对齐,单文档对齐支持中英双语对齐;

③支持快捷键功能,操作更便捷;

④支持 word,ppt,txt 等近 20 种文件格式导入对齐;

⑤支持 tmx,txt,xlsx 等多种语料库格式导出;

⑥能自动识别"一对多,多对一,多对多"句子对应,对齐准确率高。

(5)语料商城

TMXmall 语料商城是全球首家语料交易平台,提供语料发布和管理、语料交易、账户管理、支付结算等功能,让语料快速持续增值。同时,语料商城与私有云全面打通,用户购买的语料可全部交由私有云管理,并且可直接在多款主流 CAT 中高效、快速地进行预翻译以及检索。

①高度的安全性:用户的语料存储在 TMXmall 私有云中。TMXmall 私有云采用了最新的数据安全保障技术,能够保证用户的数据不外泄。

②简单的操作性:TMXmall 语料商城操作简单,用户仅需如使用购物网页一样,便可实现语料的销售和购买。

③销售方式多样化:TMXmall 语料商城提供按月检索和下载两种方式。TMXmall 研发的语料接入 CAT 软件的产品及技术,帮助用户实现了仅提供语料的检索服务。此外,用户也可以让购买方下载语料,从而获得更多的附加值。

④销售"零"看管:销售方仅需将语料存储在 TMXmall 私有云,并在语料商城发布即可,无需看管。语料销售后,销售款会定期划入销售方的账号中。

⑤收货"零"等待:语料购买方购买语料后,便可按照相应购买方式,在 TMXmall 私有云中使用或下载语料,无需等待。TMXmall 语料商城的"快递小哥"就是如此快!

(6)在线辅助翻译平台

为了降低诸多译员的软件操作难度,真正辅助译员翻译,TMXmall 经过市场调研、需求分析、详细设计、严苛测试,现正式推出轻量级、操作简单、连有海量中英双语语料的"TMXmall 在线辅助翻译平台"。

相较于其他同类翻译辅助产品,该平台具有如下特点。

①操作简单:该平台在精简上做到了极致,仅保留翻译所需的基本操作。分分钟让你读懂、数步间让你感受翻译技术的魅力。

②运行流畅:该平台采用了先进的缓存和实时检索技术,让"卡顿"不再叨扰你的译程,让译文如丝滑般流出你的指尖。

③依托海量语料大数据:该平台与 TMXmall 公有云无缝对接,从此译员无需再为"语料"心累。TMXmall 体量虽小,却有着 6 000 万高质量中英双语语料,能够帮译员预翻译,提供信息检索,全程辅助翻译。

④协同翻译:该平台与 TMXmall 私有云无缝对接,可帮助翻译团队,基于 TMXmall 私有云真正实现协同翻译。无论团队成员喜欢用 SDL Trados 还是 TMXmall 在线辅助翻译平台,均能实现无缝协作翻译。

⑤机译帮助译员进入"PE(Post Edit)"时代:该平台接入有道机器翻译,可帮助用户轻

松进行译后编辑,真正进入"PE"翻译模式!

（7）语料质量自动评估开放平台

面对海量语料数据,质量参差不齐,如何高效快速去除杂质语料？通过 TMXmall 语料质量自动评估技术,依托上亿句对精准语料、千万条专业术语、上百部专业词典,利用机器学习、机器翻译、句法规则等自然语言处理技术,自动评估过滤出错误的语料句对,大幅提升语料质量清洗效率:

①一键导入所需评估的 TMX 文件;

②机器自动评估过滤错误句对;

③下载评估结果,生成错误句对和正确句对两个文件。

语料质量自动评估技术将全面应用于 TMXmall 在线对齐、私有云语料管理、语料商城、在线辅助翻译平台等系列产品,让智能技术带来更丰富的产品体验。

（8）对齐管理

翻译记忆库一向是进行计算机辅助翻译不可或缺的一部分。面对良莠不齐的庞大翻译记忆库,能够制作出最贴近自身日常翻译方向的语料库是提升翻译效率的关键。

现在,TMXmall 对齐管理轻松帮用户完成这些恼人烦琐的步骤,该功能具有操作简便、支持格式多样、管理方便、进度实时查看、支持项目经理后续编辑等特点。

TMXmall 对齐管理的推出为项目经理节省下通过邮件/U 盘等介质分配任务的时间,使得成员间对齐速度再次获得了提升,管理更加便利,有利于提高语料的生产效率。

3. TMXmall 业务介绍

（1）翻译记忆库共享与检索平台搭建

TMXmall 针对国内外高校 MTI 专业计算机辅助翻译实验室对翻译记忆库共享与检索平台的需求,提供整套成熟的解决方案(已与北京语言大学、国防科学技术大学及安庆师范大学等高校合作),帮助 MTI 专业提升对翻译记忆库的管理及加强对计算机辅助翻译技术的研究和应用。

（2）文档对齐建库服务

通过自主研发的精确对齐算法(对齐准确率达 99% 以上),向用户提供语料对齐服务,可对 PDF、Word、TXT、Excel、html 等多种格式文档的语料进行对齐。

（3）语料分类、清洗等服务

利用自主研发的精确语料分类算法和国内外先进的语料处理技术,为用户提供专业的海量语料分类、清洗、去重等服务。

（4）云翻译记忆 API 接入服务

以翻译记忆库检索与交换平台为依托,向 CAT 软件、在线 CAT 平台、翻译众包网站、移动端词典 APP 提供高质量参考例句的 API 接口,帮助相关软件、平台及 APP 提升内容服务,拓展市场。

3.3 基于人工神经网络的机器翻译

基于人工神经网络的机器翻译（Neural Machine Translation）兴起于 2013 年,其技术核心是一个拥有海量节点（神经元）的深度神经网络,可以自动地从语料库中学习翻译知识。一种语言的句子被向量化之后,在网络中层层传递,转化为计算机可以"理解"的表示形式,再经过多层复杂的传导运算,生成另一种语言的译文。实现了"理解语言,生成译文"的翻译方式。这种翻译方法最大的优势在于译文流畅,更加符合语法规范,容易理解。相比之前的翻译技术,质量有"跃进式"的提升。

目前,广泛应用于机器翻译的是长短时记忆（Long Short-Term Memory,LSTM）循环神经网络（Recurrent Neural Network,RNN）。该模型擅长对自然语言建模,把任意长度的句子转化为特定维度的浮点数向量,同时"记住"句子中比较重要的单词,让"记忆"保存比较长的时间。该模型很好地解决了自然语言句子向量化的难题,对利用计算机来处理自然语言来说具有非常重要的意义,使得计算机对语言的处理不再停留在简单的字面匹配层面,而是进一步深入到语义理解的层面。

代表性的研究机构和公司包括加拿大蒙特利尔大学、谷歌、百度,以及腾讯公司。加拿大蒙特利尔大学的机器学习实验室,发布了开源的基于神经网络的机器翻译系统 GroundHog。2015 年,百度发布了融合统计和深度学习方法的在线翻译系统,Google 也在此方面开展了深入研究。

第4章 翻译与语料库

4.1 语料库概述

4.1.1 语料库的概念

语料库(Corpus)通常指为语言研究收集的、用电子形式保存的语言材料,由自然出现的书面语或口语的样本汇集而成,用来代表特定的语言或语言变体。经过科学选材和标注、具有适当规模的语料库能够反映和记录语言的实际使用情况。借助计算机分析工具,研究者可开展相关的语言理论及应用研究。人们通过语料库观察和把握语言事实,分析和研究语言系统的规律。语料库是语料库语言学研究的基础资源,也是经验主义语言研究方法的主要资源,应用于词典编纂、语言教学、传统语言研究、自然语言处理中基于统计或实例的研究等方面。语料库已经成为语言学理论研究、应用研究和语言工程不可缺少的基础资源。

简单地说,所谓语料库就是一定规模的真实语言样本的集合。一般而言,现代意义上的语料库具有下面三个特性:(1)收录语料库的语言材料应当取自实际使用的真实文本,对于其应用目标而言,所收录的语言材料应该具有代表性;(2)语料库应是机器可读的,是运用计算机技术获取、编码、存储和组织的,并支持基于计算机技术的分析和处理;(3)收入语料库的语言材料应当经过适当的标注和加工处理,例如经过词语切分或者词类标注处理。

4.1.2 语料库的发展

现代意义上的语料库诞生于20世纪60年代,标志性的工作是美国布朗语料库的建成和使用,这个语料库只有100万词的规模。虽然从今天的眼光看来,是一个很小的语料库,但却是世界上第一个机器可读的语料库。经过几十年的发展,语料库及语料库方法在国内外均有长足的进步,不但语料库的规模越来越大,加工深度越来越深,而且语料库技术的应用也越来越深入。

由于语料库在语言研究、词典编纂及自然语言处理等领域的重要作用,从20世纪60年代以来,语料库及其相关技术发展十分迅速。当时,世界上为数不多的语料库主要是面向语言研究和辞书编纂的英语语料库,相关建设和研究工作也主要集中在英、美、挪威等少数国家的学术和出版机构。时至今日,大规模的多语种语料库已经屡见不鲜,许多国家都有学术机构及相关企业在从事基于语料库的学术研究和技术开发,世界上在建的或已经完成的大规模语料库数量众多。限于技术和条件,20世纪60年代,百万词级的语料库已经是一个很大的语料库(如布朗语料库),而目前规模过亿的语料库也已不在少数(如英国国家语料库 BNC,COBUILD 语料库)。从标注的级别看,除了进行词类等基本的标注外,目前已经出现了句法结构、语义角色标注语料库,如国际英语语料库中的英式英语子语料库(ICEGB)、美国宾州大学树库(Penn Treebank)和命题库(Penn Propbank)。语料库的应用也呈现多样化,不仅仅是传统的语言研究和词典编纂,而且也渗透到属于信息科学的自然语言处理等诸多领域。语料库的应用改变了这些领域的研究方法,影响了这些领域的技术路线。

4.1.3 语料库的种类

语料库有多种类型,确定语料库类型的主要依据是它的研究目的和用途,这一点往往能够体现在语料采集的原则和方式上。有人曾经把语料库分成四种类型:(1)异质的(Heterogeneous):没有特定的语料收集原则,广泛收集并原样存储各种语料;(2)同质的(Homogeneous):只收集同一类内容的语料;(3)系统的(Systematic):根据预先确定的原则和比例收集语料,使语料具有平衡性和系统性,能够代表某一范围内的语言事实;(4)专用的(Specialized):只收集用于某一特定用途的语料。除此之外,按照语料的语种,语料库也可以分成单语的(Monolingual)、双语的(Bilingual)和多语的(Multilingual)。按照语料的采集单位,语料库又可以分为语篇的、语句的、短语的、双语和多语语料库。按照语料的组织形式,还可以将语料库分为平行(对齐)语料库和比较语料库,前者的语料构成译文关系,多用于机器翻译、双语词典编撰等应用领域,后者将表述同样内容的不同语言文本收集到一起,多用于语言对比研究。

根据语料库的应用目标、设计原则和所涉语言的数量等原则,可以把林林总总的语料库分成不同的类别。

1. 根据语种的数量划分

根据收录的语种的数量,可将语料库分为单语语料库和多语语料库。目前大多数语料库是单语语料库。多语语料库可以分成多语平行语料库和多语对比语料库,其中平行语料库收录的不同语种的语料需要具有翻译对应关系,因此也称作翻译语料库。

2. 根据用途划分

根据用途,语料库一般也可以分成通用语料库和专用语料库。通用语料库主要用来支持关于某种语言的一般性的词法、句法和语义现象的描写和解释,这类语料库组成和结构一般都具有相对的平衡性,即具有对目标语种的代表性,其收录的语料通常涵盖各种不同的语体、语域,如布朗语料库、英国国家语料库(BNC)都属于通用语料库。与此不同,专用语料库则根据各自的服务目标而采用不同的设计原则,典型的专用语料库包括面向词典编纂的语料库,如朗文出版社的朗文语料库网(Longman Corpus Network);用于外语教学研究的中介语语料库或学习者语料库,如比利时鲁汶天主教大学建立的国际英语学习者语料库(International Corpus of Learner English);用于研究儿童语言习得的语言习得语料库,如美国卡耐基-梅隆大学的 CHILDES 数据库等;用于支持统计机器翻译研究的多语或者平行语料库,如由 Philip Koehn 等构建的 Europarl 语料库,收录了 1996 年以来的欧洲议会文集,涉及

11 种语言,再如加拿大议会文集(Canadian Hansard)在统计机器翻译研究中也发挥了重要的作用。

3. 根据时代跨度划分

根据所收录语料的时代跨度,语料库又可区分为历时语料库和共时语料库。共时语料库收录某个特殊时段的书面语或者口语语料,如布朗语料库和 LOB 语料库收录的都是发表于 1961 年的英语文本;而历时语料库则收录发表时间分布在一个较长历史时段的语料,一般用来支持语言演化研究,如赫尔辛基英语语料库收录的语料跨越了从公元 700 年到公元 1700 年共 1 000 年的时间。

4. 根据更新方式划分

根据语料库的更新方式又可区分为动态语料库和静态语料库。动态语料库又称监控语料库,其中的语料会随着时间定时更新,而静态语料库一般在建成之后不再进行更新。(Kennedy,1998)典型的动态语料库如 COBUILD 语料库,其规模一直稳步扩大,动态更新的目的是希望可以跟踪语言的发展演变,提取新词和发现新的用法。

4.1.4　语料库的应用与研究

语料库与语言信息处理有着某种天然的联系。当人们还不了解语料库方法的时候,在自然语言理解和生成、机器翻译等研究中,分析语言的主要方法是基于规则的(Rule-based)。对于用规则无法表达或不能涵盖的语言事实,计算机就很难处理。语料库出现以后,人们利用它对大规模的自然语言进行调查和统计,建立统计语言模型,研究和应用基于统计的(Statistical-based)语言处理技术,在信息检索、文本分类、文本过滤、信息抽取等应用方向取得了进展。另一方面,语言信息处理技术的发展也为语料库的建设提供了支持。从字符编码、文本输入和整理,语料的自动分词和标注,到语料的统计和检索,自然语言信息处理的研究都为语料的加工提供了关键性的技术。

1. 基于语料库的翻译研究

语料库用于翻译研究最早可追溯到 20 世纪 80 年代(Laviosa,2002),但学界一般把 Mona Baker(1993)的论文"语料库语言学和翻译研究:启示与应用"作为语料库翻译研究范式诞生的标志。Tymoczko(1998)预言,基于语料库的翻译研究将成为翻译研究的重中之重。从 20 世纪 90 年代中期开始,Laviosa(1998)、Baker(2000)等学者借助语料库研究翻译共性、译者风格等诸多翻译课题。王克非(2006)是国内最早使用"语料库翻译学"这一术语的学者,有"在研究方法上以语言学和翻译理论为指导,以概率和统计为手段,以双语真实语料为对象,对翻译进行历时或共时的研究"(王克非,黄立波,2007)。语料库翻译学是描述翻译学与语料库语言学相互融合的产物,代表了翻译学与语言学的一个最新发展方向。

2. 语料库翻译学

语料库翻译学是指以真实双语语料或翻译语料的语料库分析为基础,定量分析和定性研究相结合,力图阐明翻译本质、翻译过程属性及规律的翻译学研究领域。Kruger(2002)指出语料库翻译学旨在通过理论构建和假设、各种数据、全新的描写范畴和灵活方法的并用,揭示翻译的普遍性特征和具体特征。语料库翻译学既可应用于演绎性和归纳性研究,也可应用于产品导向和过程导向的研究。语料库翻译学的主要研究领域涵盖翻译语言特征、译者风格、翻译规范、翻译过程和翻译教学等领域。

翻译语言特征研究涉及翻译共性研究和具体语言对翻译特征的研究。翻译共性是指翻译文本所具有的相对于源语语言或目标原创语言从整体上表现出来的普遍规律性特征。这些特征是翻译文本所特有的,且不受具体语言对差异的影响。具体语言对翻译特征是指具体翻译文本在词汇、句法和语篇层面所呈现的特征,它体现了源语和目的语的差异,反映了译者所做的选择和妥协。译者风格研究探讨翻译过程中译者在目的语词汇和句式结构选择、语篇布局、翻译策略和方法应用等方面所表现出来的个性化特征。一般而言,译者风格受制于源语和目的语语言文化之间的差异、译者所处的历史语境和社会文化规范、译者的语言风格及其对翻译文本读者的关注。

翻译规范研究分析在某一历史时期影响译者行为的不同翻译规范或制约因素,揭示翻译与社会文化语境之间的关系。翻译规范是指关于翻译作品和翻译过程正确性的规范,体现了具体某一社会或历史时期关于翻译的价值观和行为原则,制约着译者的具体翻译活动(胡开宝,2011)。翻译过程研究以大量语料的数据统计与分析为基础,分析翻译过程的认知属性与具体特征。翻译教学研究侧重于探讨语料库在翻译质量评估、翻译教材开发和翻译教学模式构建中的应用原则和具体方法。

3. 语料库与计算机辅助翻译

计算机辅助翻译(Computer – Aided Translation,CAT)是人机结合的翻译模式,结合了计算机快捷性与人工准确性二个方面的优点,因此翻译质量很高。虽然翻译速度慢于 MT,但是快于纯人工翻译。计算机辅助翻译技术使繁重的手工翻译流程自动化,并大幅度提高了翻译效率和翻译质量。

“由于所有的 CAT 软件都是基于翻译记忆技术架构的,因此翻译记忆库是 CAT 软件的核心模块”(朱玉彬,2013)。当译员翻译时,CAT 在后台自动存储翻译内容,建立起双语对照的翻译记忆库。“当代语料库(Corpus)是一个由大量在真实情况下使用的语言信息集成的,可供计算机检索的,专门作研究使用的巨型资料库”(雷沛华,2009)。将翻译记忆库收集保存起来就是翻译语料库;翻译语料库越大,翻译效率越高,因此语料库大小决定 CAT 的翻译效率。

在译者将一篇源语文本翻译成目标语文本的过程中,翻译记忆系统通过人工智能搜索及对比技术,根据用户设定的匹配值(Match Rate)(CAT 系统默认设置一般为70%)自动搜索翻译记忆库中的句子,若搜索到的句子与翻译内容 100% 一致,则达到完全匹配(Perfect Match),译者可以根据语境决定直接采用或修改后再采用;若搜索结果不完全一致,则构成模糊匹配(Fuzzy Match),译者需要确定是否接受或修改后再采用该翻译元素,这种匹配功能可以使译者最大限度利用已有的翻译语料,减少重复的翻译工作。

CAT 系统还可以搜索记忆库中的短语、语言片段或术语,给出翻译参考和建议。当相似或相近的短语、语言片段或术语出现时,CAT 系统会向译员提示语料库中最接近的参考译法;译员可以根据需要采用、舍弃、编辑或修改语料,以获得最佳译文。

CAT 的另一个好处是术语定义和管理。若纯人工翻译长篇文件,则人的记忆力很难可靠地保证术语使用的前后一致性,特别是多人合作翻译同一大型文件时,术语使用的一致性更难保证;此时,CAT 的术语定义功能和协同翻译功能可以很好地帮助译员解决术语一致性问题。

此外,译者使用 CAT 软件翻译时,可以将自己正在翻译的文本保存为翻译记忆库,保存时需要预先设定记忆库格式;如 SDL Trados 的句库格式(即翻译记忆库文件后缀名)是 sdltm,而 SCAT 的句库格式是 STM。

有些人对 CAT 技术的认识还停留在早期的机器翻译的水准,认为 CAT 技术与机器翻译一样"Garbage in, Garbage out"。笔者发现,持"CAT 没用"观点的译者语料库拥有量大多在几百对,最多只有几万,说明并非 CAT 没用,而是译者缺少语料库;没有语料库的 CAT 相当于一把没有子弹的枪,CAT 要发挥较好的功效,最好是配上几亿句对的语料库。受到电脑容量与 CAT 容量的限制,最多只能挂载 2000 多万句对的语料库,译者在这个量级的语料库下工作,CAT 的翻译辅助功效比较好。对于拥有上亿句对的 CAT 用户来说,其海量的语料库是不是多余? 答案是否定的。因为不同的专业需要不同的语料库,某个专业的语料库很难实现千万级句对,亿级句对更是难上加难,因此,CAT 用户在翻译时可以按专业选择性地挂载语料库,比如翻译机械工程资料时不用挂载文学语料库,从而在一定程度上解决软件挂载容量不够大的问题。

剩下的问题就是 CAT 用户是否拥有足够大的语料库,即"累积大量的英汉双语语料并建立语料库,对于计算机辅助翻译的帮助日益扩大"(张倩,2012)。现实情况是,当前我国绝大多数 CAT 用户的语料库拥有量在几十万句对以下,拥有百万级句对的人数极少,拥有千万级句对以上的人更是寥寥无几。因此,大型翻译语料库短缺是制约 CAT 功效发挥的瓶颈,要突破这一瓶颈,首要解决的是大型翻译语料库的配备问题。对此,不少 CAT 软件开发商在出售 CAT 软件时考虑搭售自建的翻译语料库,包括句库和术语库(或称词库)。术语库建设相对容易,不少 CAT 软件如雪人、雅信等已经提供了内置术语库。句库建设则不太容易,句库制作是一个漫长且艰苦的过程,单靠一家软件开发或者翻译公司不可能在短期内建成大型句库。现阶段,出于保密、版权限制等原因,译员、翻译公司及大专院校都不太愿意免费公开自己的语料库;受限于软件技术水平,大规模的语料库制作往往存在乱码和不能完全对齐等问题;此外,"由于受到目前语料自动对齐技术的限制,平行语料基于段落对齐居多"(李加军,2011)。翻译时最有参考价值的是句子,其次是语言片段、短语和术语,段落对齐的双语语料库的应用价值十分有限。

目前,以句子为对齐单位的英汉双语语料库建设已经取得不少成果,如 2014 年建成的 TMXmall 翻译记忆库交换平台,以及 2015 年 5 月升级推出的云端翻译记忆库实时检索平台,现有 7287 万句对的英中语料库(2017 年 2 月 13 日统计),是国内目前向 CAT 用户提供收费服务最大的云语料库平台。但是 CAT 用户反映该平台的匹配率仍然太低,还需要向建设超大规模语料库方向努力,就目前国内情况来看,"语料库建设各自为政,缺乏超大规模、综合性、多用途的国家级平行语料库"(黄立波,2013)。

如前文所述,CAT 要发挥功效,关键是建设大型语料库。建设翻译语料库有三种方法。第一种方法是"将自己翻译好的双语对齐文本存入翻译记忆库",这是一个缓慢且艰苦的过程,在短期内(一两年)效果有限。第二种方法是"将收集到的双语材料进行双语对齐,再存入翻译记忆库",需要双语对齐工具,如 SDL Trados 采用 WinAlign 模块、雪人采用"新建一个双语对齐模块",这个方法建设翻译语料库的速度快于第一种方法。第三种方法是"与其他 CAT 用户或语料库建设者交换翻译语料库",此种方式建库速度最快,但存在"切分、去重、降噪"三大技术难题;实际操作中具有相同记忆库格式的软件之间可以方便地交换;不同软件之间需要先将句库转换成 TMX 格式、术语库转换成 EXCEL 或 TXT 格式,对方接收后先导入自己的软件,再导出转换为软件专用格式,不同软件之间就实现了语料库的交换。

笔者认为,尽管"大型语料库 + CAT"模式的翻译效能还有较大的提升空间,由于人类的语言变化几乎无限,语料库不可能穷尽所有的语言,因此语料库对于 CAT 效能的提升十分有限。鉴于此,越来越多的 CAT 开发商开始整合 CAT 与 MT,建立了"CAT + MT + PE"模式(即"计算机辅助翻译 + 机器翻译 + 译后编辑"),如 SDL Trados、Wordfast、Wordbee 和雪人等工具已将 Google、Bing 等 MT 引擎内置于 CAT 系统当中。这一模式中,当译者的记忆库中无语料匹配或者匹配语料不理想时,译员先调用 MT 引擎快速给出译文,再结合 CAT 语料库修改 MT 译文,最终得出正式的译文,译员还可以自己定义术语库对 MT 进行干涉,改善机译结果。可以预见,当高质量的"超大规模语料库"建成时,可以实现"超大规模云语料库 + CAT + MT + PE"的翻译模式。届时,翻译技术将会进入一个崭新的时代。

综上所述,CAT 技术能够帮助译员提高翻译效率,但是不少功能还不太完善,特别是翻译语料库的短缺制约了 CAT 的功效及其推广。随着 MT 技术和大规模翻译语料库建设取得进展,CAT 与 MT 技术及大规模语料库建设相结合是最有前途的发展方向。

4.1.5 语料库建设的意义

多年来,语料库的快速发展至少对传统语言研究和语言计算处理两个领域产生了革命性的影响。

1. 语料库与语言研究

在语言学领域,语料库方法为语言学研究带来了实证和量化两个新的标志性特点,在语料库的支持下,关于语言的本质、构成和功能的任何描写和理论提升都是在语言真实用例和量化数据的基础上做出的,而不是仅仅依靠语言学家的语言直觉。计算机技术的引入也使得语言学研究的工具实现了现代化,语言学家不仅可以凭借各种语料库构建软件快速构造和标注满足他们研究所需要的语料库,也可以使用基于计算机的语料库分析软件来帮助他们分析语料,检索和提取他们所需要的语言用例和数据。语料库对语言研究影响如此之大,以至于基于语料库的语言学研究方法被专门称作语料库语言学,形成了一个新兴的语言学学科。1996 年,国际上还创办了国际语料库语言学期刊,专门发表和刊载语料库语言学的研究成果。

除理论研究之外,语料库技术与应用语言学的结合也产生了大量的实用成果,最为突出的是产生了一批基于语料库的词典、语法书和教材资料。在词典编纂方面,目前国际上知名的词典出版社在编写词典时大都会采用语料库技术,这些出版社不仅与相关的科研机构合作构建语料库,而且也推出了一大批基于语料库的优秀词典,如基于 COBUILD 语料库编写的 *Collins Cobuild English Language Dictionary*,如今已连续出版多个版本,广受好评;在语法书编写方面,R. Quirk 等基于 SEU 语料库编写的 *A Comprehensive Grammar of the English*

Language(Quirk et al.,1985)已是英语语法方面的经典著作。

2.语料库和计算语言学

在语料库方法引入以前,自然语言处理方法基本上是基于规则的方法,为了研制各种自然语言处理系统,研究人员通行的做法是根据所处理的任务,撰写各种规则,然后计算机依据这些规则对自然语言进行分析处理,产生预期的分析结果,在20世纪90年代以前,这种规则方法一直是计算语言学的主流方法。基于规则的方法通常需要研究人员穷尽与任务相关的各种规则,这通常很难做到,一方面研究人员在撰写规则时很难照顾到所有可能出现的语言现象,另一方面正如著名语言学家 Edward Sapir 所指出的那样,"所有的语法都有遗漏之处(All grammar leak)"(Sapir,1921),所撰写的规则难保没有例外之处。因此基于规则的系统在处理真实文本时,往往力不从心,导致这些系统只能在受限领域内或者受控语言环境中使用。20世纪90年代以后,语料库方法逐步进入计算语言学领域,逐步解决了一些基于规则的方法难以处理的问题。利用语料库解决自然语言处理问题在思路上发生了改变,一般首先是建立语言处理的统计模型或者机器学习模型,然后交由机器从语料库中学习语言模型的参数,填充了模型参数的统计模型或者机器学习模型再被用来处理具体任务中的文本。在自然语言处理的语料库方法中,通常不需要人工建立语言学规则,而是默认所有的语言规律都隐藏在语言的真实用例(语料库)中,这些语言知识以统计参数或者机器学习参数的形式由计算机从语料库中自行习得,无需人工总结,这就节省了开发时间,表现出了一些规则方法所没有的优势。由于语料库反映了语言的真实使用情况,在语料库基础上构建的语言处理系统通常能比较健壮地处理真实文本,使得自然语言处理系统逐步走向实用。语料库及其标注体系通常也为相关自然语言处理方法提供评价标准,研究人员可以利用语料库提供的标准标注作为检验研究思路和方法的基础。

在语料库方法刚刚被引入计算语言学领域时,语料库方法通常被用来完成词类标注等相对较为简单的任务,随着深层标注语料库的不断出现,语料库方法在句法分析、语义分析、机器翻译等各个领域中都有较为出色的表现,就许多自然语言处理任务而言,语料库方法都达到甚至超过了规则方法的处理水平。机器翻译系统是涉及众多自然语言处理技术的综合系统,需要处理不只一种语言,是计算语言学领域中最复杂和最具挑战性的问题,目前统计机器翻译研究正进行得如火如荼,该方法所依赖的唯一知识来源就是双语平行语料库,在美国 NIST 近年来组织的机器翻译评测中,统计机器翻译方法的表现十分突出。著名的统计机器翻译学者 Franz Och 甚至说:"只要给我足够的平行语言资料(平行语料库),对于任何两种语言,我可以在几小时之内为你开发一个机器翻译系统(Give me enough parallel data,and you can have a translation system for any two languages in a matter of hours)"(Mankin,2003),语料库方法在计算语言学研究中的价值由此可见一斑。

语料库方法引入计算语言学领域后,产生了一批自动语言标注工具,例如词语切分工具、词类标注工具、句法分析工具、语义角色标注工具,这些工具又可以反过来用于语料库的建设和标注。面对真实文本,尽管这些工具不能做到完全准确,但在语料库加工过程中却非常实用,在这些工具出现前,许多语料库的标注工作需要以人工方式完成,而在这些工具出现后,则可以采用机器自动处理和人工校对相结合的方式完成,极大地加快了语料库标注速度。从这个意义上讲,计算语言学技术又成为了语料库建设和加工的技术基础,二者相互促进,形成二种良性互动的格局。

4.1.6 语料库方法的局限性

语料库方法虽然行之有效但也不是没有缺陷的,无论是用于语言研究还是自然语言处理,都不同程度地遭遇过批评。语料库方法一个久遭诟病的问题在于数据稀疏,或者说语料库的代表性不足,有限规模的语料库能否充分代表无限的语言使用一直是受到质疑的,如乔姆斯基认为,语料库中一般不会包含不礼貌的表达,也不会包含一些语义不正确的句子。在计算语言学领域中,语料库代表性不够也导致构建出来的系统过度依赖于所使用的语料库,出现所谓的过度拟合问题,这样的系统在处理和语料库中风格类似的文本时,通常表现较好,而在处理与语料库中文本差异较大的文本时,效果就会大打折扣,系统在推广能力方面有局限性。

4.1.7 语料库标注的作用

仔细研究目前语料库的标注情况可以发现,几十年来语料库标注的深度有加深趋势。对于语料库的标注问题,一些语言学家有不同认识,著名的语料库语言学家 John Sinclair 生前一直反对对语料库进行标注,理由是对语料库的标注会丧失语料库的客观性,因为标注后的语料库带有标注者对语言现象的主观认识。不过目前世界知名的一些语料库基本都经过一定的标注处理,大多数都进行了词类的标注。从服务于计算语言学的角度看,标注更是必不可少的,对语料库进行不同层次的加工标注实际上是使得隐藏在语料中的语言知识显性化,例如中文文本经过词语切分后,词语的知识便显性化了,经过词类标注的语料库,词性知识也显性化了。经过显性化的语言知识,机器更容易学到。利用原始语料获取模型参数的机器学习称为无指导的机器学习,而利用经过加工的带标记的语料库获取参数的机器学习称为有指导的机器学习。现在效果较好的统计学习方法基本都是有指导的,只能从带有标注的数据中学习到有意义的模型参数。不过语料库标注确实是一项代价昂贵的工作,耗时耗力也耗费资金。

4.1.8 语料库建设中涉及的主要问题

语料库建设中涉及的主要问题如下。

(1)设计和规划:主要考虑语料库的用途、类型、规模、实现手段、质量保证、可扩展性等。

(2)语料的采集:主要考虑语料获取、数据格式、字符编码、语料分类、文本描述,以及各类语料的比例以保持平衡性等。

(3)语料的加工:包括标注项目(词语单位、词性、句法、语义、语体、篇章结构等)标记集、标注规范和加工方式。

(4)语料管理系统的建设:包括数据维护(语料录入、校对、存储、修改、删除,以及语料描述信息项目管理)、语料自动加工(分词、标注、文本分割、合并、标记处理等)、用户功能(查询、检索、统计、打印等)。

（5）语料库的应用：针对语言学理论和应用领域中的各种问题，研究和开发处理语料的算法和软件工具。

4.1.9　双语语料库的构建

1. 平行语料库

平行语料库是由源语言文本和它所对应的目标语言翻译文本构成的文本对集合，两种语言对应的文本对之间语言形式虽有不同，但表达的内容是一致的，二者之间存在着互译关系。平行语料库内部蕴含着两种语言单词、短语、句子、段落、篇章等不同级别的对应关系，为跨语言信息处理技术提供了研究基础，很早就引起了学者们的重视。近几十年来，不同语言、不同内容、不同规模的平行语料库在国内外纷纷建立。

加拿大议会会议记录（Canadian Hansards）是最早建立的平行语料库，这是一个由英语和法语构成的语料库。它收录了千万词汇级的官方议会辩论文件，是早期学者们进行研究的重要资源。其他主要平行语料库还有欧盟议会会议记录平行语料库、马里兰大学 Bible（圣经）平行语料库、奥斯陆大学的英语挪威语平行语料库等。国内的平行语料库建设在起步后发展迅速。目前，北京大学，清华大学，哈尔滨工业大学，东北大学，北京外国语大学，以及中科院计算所、自动化所、软件所等科研机构相继建立了一定规模的英汉双语平行语料库，北京大学、哈尔滨工业大学还建立了汉日平行语料库，同时，内蒙古大学、新疆师范大学、西藏大学等高校建立了民（民族语言）汉双语平行语料库。在平行语料库建设早期，语料的搜集和处理主要靠人工参与进行挑选和整理，来源也主要是国际国内大型会议的会议记录、宗教著作、文学艺术作品及产品说明书等。这种获取方法大大限制了平行语料库的建设效率，制约了平行语料库在规模、领域上的扩展，更是难以满足时效性的要求。随着网络的发展，越来越多的网站为满足业务需求，开始提供两种以上语言版本，越来越多的网上信息正在以多语言的形式进行发布，使得不同网站、同一网站不同网页、同一网页内部充斥了大量的双语资源，为基于 Web 挖掘的双语资源获取提供了坚实的数据基础。

平行语料库有以下构建方法：

（1）基于网页结构特征的构建方法

多语网站内部多个平行网页 url 地址之间往往具有很强的命名相关性，这一特点很快为学者利用来构建平行语料库，形成了多个著名系统，普遍取得了很好的效果。

（2）基于文本内容特征的构建方法

有些网站双语平行资源在同一网页上，这种情况常常出现在双语学习类网站中。针对这种双语混合网页，蒋龙等提出一种基于模板的方法，利用翻译和音译模型寻找网页中的互翻译词对，将其作为种子，学习泛化的模板，最后利用学习到的模板抽取网页中潜在的双语平行语料。林政等尝试使用下载策略发现双语混合网页，根据互译信息进行确认，再结合长度、词典、数字和标点符号、缩略语等特征抽取平行句对。总体来说，双语混合网页数量不是那么丰富，因为很难做到领域平衡，时效性差，相应研究较少。

上面两种方法讨论了针对同一网页和同一网站不同网页双语平行资源的获取。实际上，互联网上还存在着大量的更一般的跨站点双语平行资源。比如国外网站用英语发布了一条最新时事新闻,很快有人将其翻译成汉语发布在国内网站上。研究人员正在尝试利用跨语言信息检索技术来获取这种更难以甄别的平行语料,因为这种技术在可比语料库构建中应用更为广泛,我们将在下一章节对这种技术进行介绍。

2. 可比语料库

平行语料库因其语料间存在着良好的对应知识,成为机器翻译、跨语言信息检索等研究的重要基础。然而,平行语料库却面临着获取途径有限、资源匮乏、领域不平衡的问题。目前,平行语料库语料来源不足严重制约了平行语料库在规模和领域的快速扩展,更是使其难以满足时效性的要求。对于包括大多数少数民族语言在内的弱势语言而言,情况更是艰难。

这种情况下,可比语料库研究渐渐引起了人们的重视。可比语料库是语言不同、内容相似但非互译的文本对集合,可比语料蕴含了三层含义:两种语言文本必须是独立产生于各自真实语言环境;两种语言文本在内容上具有一定的相似性,结构和构建标准具有一致性;但是二者之间不具备严格的互译关系。非严格互译是可比语料不同于平行语料的主要特征。

根据两种语言文本的相似程度,可比语料可划分为如下五个等级:A. Same Story,同一事件并且相同描述;B. Related Story,同一事件但描述不同;C. Shared Aspect,描述相关事件;D. Common Terminology,含有相同的术语,E, Unrelated,基本不相关。

可比语料仅需两种语言文本在内容上具有相似性,降低了双语文本对匹配和对齐的要求,导致可比语料提取双语知识难度增大,不易直接应用于统计机器翻译等相关研究。但在当前双语平行资源严重不足的情况下,可比语料相对平行语料具有来源广泛、领域全面、内容丰富和易于获取的优势。因此,近年来可比语料库的研究与建设逐步兴起。构建可比语料库的主要问题是通过特征匹配、跨语言信息检索等方式建立两种语言文本之间相似关系的映射。

(1)基于内容特征的构建方法

内容相似的可比语料会在标题、文本长度、发布日期及其他描述性字段等方面呈现出一些特征,在可比语料库建设初期,Sheridan 等利用这些特征进行了早期的可比语料库构建。这种构建方法的特点是可比语料匹配速度快但质量低。

(2)基于跨语言信息检索的构建方法

跨语言信息检索是给出一种语言的查询条件,得到另一种语言检索结果的过程,它能够迅速建立源语言与目标语言文档之间的映射关系,被广泛应用于可比语料挖掘。其中提问式翻译策略应用最为广泛,它的基本流程是:源语言文本经信息抽取生成源语言提问式,再经过某种翻译方法变成目标语言提问式,然后在目标语言中进行单语言检索,获取候选目标语言文本集,最后经过过滤获取可比语料。基于跨语言信息检索构建可比语料库极大地提高了大规模可比语料采集的速度,其中关键问题在于查询词的选择,这直接决定了源语言文档和目标语言文档的关联程度。

(3)基于特定网页资源的构建方法

互联网上某些网站具有大量的多语种资源,可以为研究者获取可比预料提供便利,最为典型的就是维基百科。维基百科是一种自由、免费、开放的多语言百科全书,更为关键的是,维基百科在每个页面中显示给出了其他语言的链接,为建立不同语言间的映射关系提供了巨大的便利,成为可比语料构建重要的新型来源,受到越来越多研究者的关注。

4.2　中国语料库的建设发展

我国语料库的建设始于 20 世纪 80 年代,当时的主要目标是汉语词汇统计研究。进入 90 年代以后,语料库方法在自然语言信息处理领域得到了广泛的应用,我国建立了各种类型的语料库,研究的内容涉及语料库建设中的各个问题。20 世纪 90 年代末到 21 世纪初这几年是语料库开发和应用的进一步发展时期,除了语言信息处理和言语工程领域以外,语料库方法在语言教学、词典编纂、现代汉语和汉语史研究等方面也得到了越来越多的应用。投入建设或开始使用的语料库有数十个之多,不同的应用目的使这些语料库的类型各不相同,对语料的加工方法也各不相同。下面介绍其中已开始使用并且具有一定代表性的语料库。

4.2.1　《中国语言生活状况报告》

我国从 20 世纪 90 年代初开始研制汉语语料库,至今硕果累累。当前规模最大、影响最广的是国家语言资源监测与研究中心所做的工作。在国家语言文字工作委员会倡导的“珍爱中华语言资源构建和谐语言生活”方针的指引下,国家语言资源监测与研究中心积极实践,每年编制《中国语言生活绿皮书:中国语言生活状况报告》(国家语言资源监测与研究中心,2018),已经正式出版了 2005—2016 这 12 年的。为了完成这项系列性的任务,分布于多所大学的研究人员在后台做了大量的艰苦的数据收集与处理工作,每年都形成 10 亿量级的汉语语料库,10 亿量级的汉字数据堪称海量信息。海量语言信息处理是当前计算语言学与自然语言处理技术的研究热点之一,《中国语言生活状况报告》的发布及其支撑研究为海量语言信息处理研究揭开了精彩的一章。

4.2.2　国家语委现代汉语语料库

“国家语委现代汉语语料库”(教育部语言文字应用研究所计算语言学研究室,2009)也是国家语言文字工作委员会从 1990 年起便开始组织建设的,现在语料规模上亿字,语料选取的时间跨度较大,自 1919 年至 2002 年,题材与体裁的分布广泛,被认为是一个平衡语料库,一部分语料还完成了不同程度的加工处理,对其中 5 000 万字完成了词语切分和词性标注,对 100 万字(5 万句)完成了句法树结构标注。

4.2.3　现代汉语通用语料库

现代汉语通用语料库是一个由国家语言文字工作委员会主持建立、面向全社会应用需求的大型通用语料库,从 20 世纪 90 年代初开始建设,计划规模 7 000 万字,主要应用目标是语言文字信息处理、语言文字规范和标准的制定、语言文字的学术研究、语文教育,以及语言文字的社会应用。

这个语料库收录的语料以书面语为主,以书面语转述的口语为辅。语料来源是1919年至今(主要是1977年至今)出版的教材、报纸、综合性刊物、专业刊物和图书。在设计原则上,讲求通用性、描述性、实用性和抽样的科学性。在语料分类方面,以"门类为主,语体为辅"为原则制定三个大类:第一类,人文与社会科学类(包括政法、历史、社会、经济、艺术、文学、军体、生活8个次类,30个细类);第二类,自然科学类(包括数理、生化、天文地理、海洋气象、农林、医药卫生6个次类);第三类,综合类(包括行政公文、章程法规、司法文书、商业文告、礼仪辞令、实用文书6个次类,30多个细类)。在不同类别、不同来源、不同时期的语言材料中,按照不等密度的思路确定合适的语料选取比例,从共时和历时两个角度保证入选语料的平衡性,是这个语料库的特点。

这个语料库在选材过程中收集和记录语料的有关描述信息,为每个语料样本设立了20个描述项目:总号、分类号、样本名称、类别、作者、写作时间、书刊名称、编著者、出版者、出版日期、期号(版面号)、版次(初版日期)、印册数、总页数、开本、选样方式、样本起止页数、样本字数、样本总数、繁简字。用户可以利用这些语料描述标记根据各自的需要进行各种方式的检索。语料库的建库工作分为两步,先建立核心语料库(由7 000万字的语料中筛选出2 000万字语料组成),到20世纪90年代末,完成了2 000万字生语料的收录工作;从2001年开始对2 000万字核心语料进行分词和词性标注加工。

4.2.4 《人民日报》标注语料库

《人民日报》标注语料库由北京大学计算语言学研究所和日本富士通公司合作,从1999年开始,到2002年完成,原始语料取自1998年全年的《人民日报》,共约2 700万字,到2003年又扩充到3 500万字,是我国第一个大型的现代汉语标注语料库。这个语料库加工的项目有词语切分和词性标注,还有专有名词(人名、地名、团体机构名称等)标注、语素子类标注、动词、形容词的特殊用法标注和短语型标注。下面是一段语料标注的示例,为1998年1月1日第5版第1篇文章的第11段:

我国的国有企业改革见成效。位于河南的中国一拖集团有限责任公司面向市场,积极调整产品结构,加快技术改造和新产品研制步伐。图为东方红牌履带拖拉机生产线。(赵鹏摄)

标注后的形式是:

19980101 – 05 – 001 – 011/m 我国/n 的/u 国有/vn 企业/n 改革/v 见/v 成效/n 。/w 位于/v 河南/ns 的/u[中国/ns 一拖/j 集团/n 有限/a 责任/n 公司/n]nt 面向/v 市场/n,/w 积极/ad 调整/v 产品/n 结构/n,/w 加快/v 技术/n 改造/vn 和/c 新/a 产品/n 研制/vn 步伐/n 。/w 图/n 为/v 东方红牌/nz 履带/n 拖拉机/n 生产线/n 。/w(/w 赵/nr 鹏/nr 摄/Vg)/w

在每一个切分出来的词和标点符号后面,是该词语的标记。譬如词性标记(n,v,a,u,m,w等),专有名词标记(nr,ns,nz等),语素子类标记(Vg等),动词和形容词特殊用法标记(vn,ad)。所有的标记都是以北京大学的《现代汉语语法信息词典》为基础词库,在一个加工规范的指导下标注的。

利用《人民日报》标注语料库，人们可以从各个角度考察和分析语言事实，统计各种语言单位出现的频率，譬如词语或词类的分布、搭配和共现，专有名词的结构方式、兼类词在句子中的表现，语素字的使用情况，等等。也可以从语料里提取各种语言单位或语句片段作为研究实例。与仅仅以汉字串的形式表示的"生语料"相比，经过标注的"熟语料"显然含有更多的语言学特征信息，对汉语词汇研究、语法研究和汉语信息处理系统来说是更好的语言知识资源。

《人民日报》标注语料库中一半的语料(1998 年上半年)共 1 300 万字已经通过《人民日报》新闻信息中心公开提供许可使用权。其中一个月的语料(1998 年 1 月)近 200 万字在互联网上公布，供自由下载。

4.2.5　用于语言教学和研究的现代汉语语料库

建立现代汉语语料库的主要目的之一是对外汉语教学和现代汉语研究，可以分为书面语语料库和以文本形式表示的口语语料库两类。前者如北京语言大学的汉语中介语语料库、现代汉语研究语料库，后者如中国社会科学院语言研究所的北京地区现场即席话语语料库。

1. 汉语中介语语料库

汉语中介语语料库的建设目标是为对外汉语教学、中介语研究、偏误分析和汉语本体研究提供资源，因此它的语料来源很有对外汉语教学的特点。在北京和其他省市的 9 所高等院校里，从来自 96 个国家和地区的 1 635 位外国留学生那里收集了成篇成段的汉语作文或练习材料 5 774 篇，共 3 528 988 字。再从中抽取了 740 人的 1 731 篇语料，共有 44 218 句，1 041 274 字。全部语料都记录了学生姓名、性别、年龄、国别、是否华裔、第一语言、文化程度、所学主要教材、语料类别、写作时间、提供者等 23 项属性。然后对这 104 万字的语料进行词语切分、词性标注及一些专用的语言学特征标注。例如，标出了字、词、句、篇等不同的层次，对语料的非规范形式(例如:错字、别字、繁体字、拼音字、非规范词等)做出索引标记，记录其对应的规范形式。这个语料库的管理系统有语篇属性登录、文本过滤、文字预处理信息登录、语料抽样、断句、分词、词性辅助标注、自动标注，以及语料的主题检索、全文检索和数据浏览等各种功能，分别处理语料库的建立、管理和维护，以及用户浏览、查询和检索等。与人工收集的学生病句卡片资料相比，中介语语料库能够更好地反映学生学习汉语的情况，帮助教师更加全面地观察他们的学习过程，了解影响学习和习得的各种因素。在汉语作为第二语言的教学中，为教材编写、课堂教学、测试等环节提供依据。

2. 现代汉语研究语料库

现代汉语研究语料库的建设目标是为语言学家提供一个研究平台，由 2 000 万字的粗语料库和 200 万字经过分词和词性标注的精语料库两个部分组成。粗语料库收录的语料样本中绝大部分是 20 世纪 90 年代的出版物，其中《人民日报》1 000 万字，《中国新闻》500 万字，各种书籍 250 万字，文学作品 150 万字，准口语材料(书面形式的对话、独白)100 万字。精语料库的 200 万字语料样本是从粗语料库中按照规定的比例由计算机随机抽取的，有书面语语料 160 万字，准口语语料 40 万字，是从语体、题材、体裁三个方面均衡选取的平衡语料库。为了对这些语料进行词语切分和词性标注，作者制定了词语切分的细则和词性标记体系的原则,采用了一个含有112个词类标记的标记集,确定了兼类词的处理方法。这个语料库的管理系统具有建库、检索、浏览、统计、输出等功能,可以按词或词类检索,统计出词的频率、词类频率、词类共现频率、平均词长、平均句长等结果。这个语料库建成以后,很快应用在现代汉语语法、汉语教学和汉语信息处理的研究中,研究内容涉及现代汉语的插入语、汉语句子的主题 – 主语标注、V + N 序列实验分析、词性标注中词语归类问题、动宾组合的自动获取与标注等。

3. 现代汉语平衡语料库

在用于汉语研究的语料库中,讲究选材均衡,注重语料加工,同时也提供公开服务的,当数台湾中央研究院历史语言研究所的现代汉语平衡语料库(简称 Sinica Corpus)。这个语料库的规模为 500 万个词,每个句子都依词断开,标示词类标记,并且配备了检索系统,在网上开放供大家使用。根据自己制定的一套汉语文本属性特征为语料分类,在不同的类别上尽量均衡地采集语料,是这个语料库的特点之一。文本属性用来说明文档的呈现方式、文章的写作方式、文章写作的内容和文档的来源出处,包括 7 类,每类下设若干小类:

文类(文档的呈现方式):报导、评论、广告图文、信函、公告启事、小说故事寓言、散文、传记日记、诗歌、语录、说明手册、剧本、会话、演讲、会议记录。

文体(文章的写作方式):记叙、论说、说明、描写。

语式(文档的呈现方式):书面语、演讲稿、剧本/台辞、口语谈话、会议记录。

主题(文章写作的内容):哲学、科学、社会、艺术、生活、文学。

媒体:报纸、一般杂志、学术期刊、教科书、工具书、学术论著、一般图书、书信、视听媒体、其他

作者:姓名、性别、国籍、母语。

出版:出版单位、出版地、出版日期、版次。

不同研究目的的语言学者可以自己按语式、文体、媒体和主题的小类选取不同类别的语料,组成“自订语料库”,在“自订语料库”的范围内进行语料的检索和统计。除了通常的按词语、词类的检索和统计以外,这个语料库的管理系统还提供了一种“进阶处理”功能,对检索出来的数据做进一步处理,对处理的结果还可以再次处理,形成多层的检索结果。

4.2.6 面向语言信息处理的现代汉语语料库

1. 清华大学现代汉语语料库

20 世纪 90 年代中后期,面向语言信息处理的现代汉语语料库开始建立并投入应用。其中最早开发的是清华大学用于研究和开发汉语自动分词技术的现代汉语语料库,经过几年的积累已达到 8 亿多字生语料。在这个语料库的支持下,清华大学用统计语言模型的方法研究了汉语自动分词中的理论、算法和技术,编制了总数为 9 万多个词语的《信息处理用现代汉语分词词表》。这些研究工作体现了我国汉语自动分词技术的发展水平,词表被许多汉语自动分词系统作为底表使用,是不可缺少的基础资源。

2. 清华大学 TH 通用语料库

TH 通用语料库系统是清华大学建立的另一个现代汉语语料库。这个语料库有两个特

点。一是语料库管理系统根据不同的加工深度,分四个等级管理语料。第一级是生语料分库,有 4 千余万字;第二级以上都是加工程度不同的熟语料库,其中第二级存放经过自动分词并由人工校对过的初加工语料 500 余万字;第三级存放经过词性标注和人工校对的语料约 300 万字;第四级是经过句子成分标注和人工校对的语料。每个分库又按语料的来源分成一般书籍、报纸、杂志、论文和工具书五类子库。不同等级的语料可以为不同的应用目标服务。第二个特点是在这个语料库的支持下,进行了汉语信息处理技术的研究。譬如,采用以谓语为中心的句型成分分析与语料统计相结合的方法,自动分析汉语的句型,提出了一个"汉语句型频度表";在汉语文本中自动标注句子成分和句型成分的边界;根据指定的句型在语料库里搜寻句子实例;等等。

3. HuaYu 人工标注语料库

HuaYu 人工标注语料库是清华大学和北京语言大学合作建立的一个现代汉语平衡语料库。这个语料库按文学、新闻、学术、应用文四个大类收录了 200 余万字语料。它的特点是讲究加工的深度,除了词语切分和词性标注以外,还根据语句中动词的类型和句子的长度进行"语块"标注和"句法树"标注,目的是为建立汉语短语分析或句法分析的语言模型获取统计数据提供资源。下面分别是语块标注和句法树标注的示例:

(1)对句子"自古以来,人类就重视档案的保存和利用,设置馆库、选派专人进行管理。"进行语块标注以后得到的是一个无嵌套的线性序列,其中 S 是主语语块,P 是述语语块,O 是宾语语块。

4.2.7 用于开发特定语言分析技术的专用语料库

这类语料库是针对汉语信息处理技术的需要专门建立的。例如山西大学的专有名词标注语料库和分词与词性标注语料库。

1. 山西大学分词与词性标注语料库

分词与词性标注语料库,规模为 500 万字,带有分词标记、词性标记和句法标记。标注时依据《信息处理用现代汉语分词规范》和《信息处理用现代汉语词类及标记集规范》。在这个语料库的支持下,开发汉语自动分词和词性标注软件,研究自动分词和词性标注的评测技术。为了解决汉语自动分词中的切分歧义问题,还建立了交集型歧义字段库和组合型歧义字段库,专门收集这两种类型的歧义切分实例,前者有 7.8 万字,后者收录了 140 多条。并且在分词和词性标注语料库里做了这两类切分歧义的标注。利用这些语料调查交集型歧义当中的"伪歧义"现象(即切分结果只可能有唯一选择的那些交集型歧义切分字段),发现这种现象在歧义切分字段中很普遍,可以达到 90% 以上。

2. 山西大学专有名词标注语料库

专有名词标注语料库用于研究汉语自动分词中专有名词的识别算法。其中包括标注了中国地名的语料 280 万字,标注了中国人姓名的语料 300 万字,标注了西文姓名的语料 250 万字,标注了汉语机构名称的语料 50 万字,还有标注了网络新词语的语料 150 万字。利用这些语料,建立了中国地名用字、用词库,姓氏人名库,姓氏用字频率表,名字用字频率表等,用统计语言模型的方法识别专有名词。

其他较有影响的语料库还有:北京大学汉语语言学研究中心现代汉语语料库(规模约为2亿6千万字)和古代汉语语料库(规模约为8千万字),均未进行标注处理。双语语料库方面有北京外国语大学及外语教学与研究出版社分别建设的汉英平行语料库。

4.3　语料库的加工、管理和规范

4.3.1　语料的加工

一个计算机语料库的功能优劣主要与三个因素有关:一是语料库的规模;二是语料的分布;三是语料的加工程度。规模的大小关系到统计数据是否可靠,语料的分布涉及统计结果的适用范围,语料加工的深度则决定这个语料库能为使用者提供什么样的语言学信息。

加工语料主要指文本格式处理和文本描述两项工作,前者是对采集的语料文本进行整理,转成统一的电子文本格式,例如数据库格式、XML文本格式等;后者是描述每一篇语料样本的属性或特征,包括篇头描述和篇体描述。篇头描述说明整篇语料样本的属性,例如语体、内容所属的领域、作者、写作时间、来源出处等;篇体描述是在文本里添加各种语言学属性标记,对于汉语书面语语料库来说,常见的是词语切分标记、词性标记、专有名词标记,还有某些语法特征如短语标记、子句标记,或语义信息标记等。对汉语书面语语料的加工一般是从词语切分、词性标注,到语法、语义属性标注,按顺序进行。标注的信息逐步增多,语料加工的深度也就逐渐增加。人们通常把没有篇体描述信息的语料叫作生语料。对汉语的生语料只能以字为单位进行检索和统计。经过词语切分处理的语料,就能以词为单位进行检索、统计和定量分析。如果还做了词性标记,那么可以获得的语言学信息就更多了。语料的标注如果由人来做,当然能够保证准确性,但是人工标注对处理大规模的语料显然不够现实。所以几乎每一个大规模语料库的加工都需要借助自动化的手段,词语自动切分、词性自动标注等就成为备受关注的语料加工技术。

自动分词是我国最早开始研究的汉语信息处理技术之一。语料库的建设开始以后,自动分词技术在语料加工中又得到了应用和发展。自动分词和词性自动标注一般都需要一个词典,作为分词和词性标注的基础。这个词典与常用的语文词典相比,收录的词目不大一样,包括了语言学家认可的词,以及一些比词更小的单位(如语素字、词缀等)和一些比词大的单位(如成语、习语、简称略语等)。词典中也包括词类信息和其他语法信息。目前的自动分词技术是基于字符串匹配原理的,有正向最大匹配、逆向最大匹配等基本算法。在切分过程中会出现歧义现象,如何处理歧义是自动分词研究的重点之一,在这方面投入的研究也最多,先后提出了"短语结构法""专家系统法""隐马尔科夫模型""串频统计和词匹配"等辩识歧义的方法。识别未登录词是自动分词研究的第二个重点。未登录词指没有被分词底表收录的词语,包括人名、地名、机构名等专有名词和新出现的词语。对未登录词的识别一般以基于语料库的统计语言模型方法为主。

词性自动标注通常与自动分词同时进行,根据带有词类信息的分词词典,给切分出来的词语标上初始的词类标记。对于兼类词,必须在句子里判断类别。因此需要分析兼类词语在上下文中的分布特点和语法功能,并用形式化的方式表达出来,作为词性标注系统排除兼类的规则。近年来,已经有几个自动分词和词性自动标注系统投入了应用,其中北京大学用自己研制的系统为《人民日报标注语料库》做分词和词性标注的初加工,北京语言大学的自动分词系统也成为其《面向语言教学研究的汉语语料检索系统》中的关键技术。此外,经过十几年的研究和实践,2001 年发布了收录 9 万多词语的《信息处理用现代汉语分词词表》和《现代汉语词类及标记集规范》。对于 1993 年制定的国家标准《信息处理用现代汉语分词规范》的可操作性问题,也进行了积极的讨论和实验,提出了有效的解决方法。

经过分词的语料,除了标注词性以外,还可以进一步标注其他语言学属性,譬如韵律、语调、短语结构、句法结构、语义关系,等等。句子的语法结构需要有形式化的方式来表达,大多数语料库或者采用短语结构树,或者采用依存语法树的方式,这样标注过的语料库就成为短语树库或句法树库。一般情况下,在词性标注的基础上再做进一步的语法标注加工,多以人工为主,也有关于自动短语定界和句法信息自动标注的研究和实验。目前已有的汉语短语库、句法树库规模都不大,至多百万词级。

在双语语料库的建设中,除了上述语料加工项目以外,还有一项不可缺少的语料加工任务:双语语料对齐。语料对齐分为段落、句子、子句、短语和词语几个不同的层次。如果考虑用计算机程序做自动对齐,不同的层次要解决的问题各不相同。每种语言的段落都有可识别的标志,因此段落的对齐最容易实现,句子的对齐在印欧语言之间比它们和汉语之间要容易,词语的对齐需要借助词典,句子内的各种结构要自动对齐则是最难的。目前双语自动对齐技术的研究主要是针对句子和句子内的结构,采用的方法有基于长度的、基于词典的,或者是这两种方法的混合策略。

4.3.2　语料库管理系统

经过科学选材和标注,具有适当规模的语料库,还应该有一个功能齐备的管理系统,包括数据维护(语料录入、校对、存储、修改、删除及语料描述信息项目管理)、语料自动加工(分词、标注、文本分割、合并、语料对齐、标记处理等)、用户服务功能(查询、检索、统计、打印等),其中数据维护部分主要涉及汉字字符处理、文本处理、文件管理等计算机程序设计技术。语料自动加工部分的主要内容是自动分词、各种语言学属性的标注技术,已经在前面专门介绍过了。下面主要谈谈面向用户的语料检索、统计和分析技术。

语料检索是一种全文检索技术,但是也有自己的特点,仅用普通的全文检索技术还不能满足语料检索的需要。这是因为,全文信息检索关心的是检索目标的意义,不是检索目标的语言表述形式。而面向语言研究的语料检索则特别注重语言的表述形式,它既需要按照字、字串和词检索,也需要把词语的语言学属性作为检索的目标和约束条件,还要求把检索的结果或目标的出处按照研究的需要排序、输出。除此之外,还要有字频、词频和特定语言形式出现频率的统计功能。

对汉语生语料的检索和统计是以字或字串为单位进行的。这一类检索系统主要以单字索引和字符串匹配为关键技术,由于把词语当作字串来检索,所以检索结果中经常出现"非词"的问题。例如要查找"出警",检索结果中除了"迅速出警""拒绝出警""出警次数"等实例以外,"发出警告""放出警犬"等也混在其中。为了解决这些问题,常常需要为字符串匹配的检索表达式另外设置限制条件。这些限制条件大多是个性的,只能排除一部分"非词"的实例。要想从根本上解决这个问题,就必须对语料做词语切分。经过词语切分处理的熟语料,能以词为单位进行检索、统计和定量分析。但是熟语料库的加工代价很高,而且由于还没有既成熟又便于操作的规范对语料的词语切分和词性标注,所以近年来,面向生语料库的检索技术一直被广泛使用,并且在用户功能方面不断得到发展。譬如,可以对用户给出的任何生语料快速生成索引;可以使用具有复合逻辑关系的检索表达式;可以按照汉字、拼音、笔画对检索结果的上下文自动排序;可以提供检出实例的来源、出处;可以按字频统计的数据排序;检索结果和统计结果既可以按文本形式输出,也可以按数据库形式输出;还可以通过网络支持多用户远程检索。

对于经过词语切分处理和词性标注的熟语料库,除了所有生语料的检索功能以外,语料检索系统还可以把词语或词性作为检索的关键字或限制条件,得到关于这些语言学属性的检索和统计结果,并按各种排序和输出形式提供给用户。语言学属性来自语言学家对汉语的研究,研究过程中有各种观点和认识,从词的定义到词类的确定,至今没有统一的意见。另一方面,人们检索语料时的目的也各不相同,有的关心词汇问题,有的关心语法现象,还有的目标是汉语信息处理的应用问题。因此对于熟语料库检索来说,一个好的检索系统应该能够包容各种不同的语言学观点,可以用于不同的检索目的。

为了做到这一点,通常采用的办法是,把用于语料库自动分词的底表和附着于底表的词性、构词等属性都看作语言学属性表,使这个属性表与检索系统的程序相互独立,检索系统只把属性标记作为抽象的字符串处理,而把建立属性表的工作交给用户。以北京语言大学的《面向语言教学研究的汉语语料检索系统》为例,它的自动分词词表、词属性集和每个词的属性标记都由用户提供,提供的方式是把词目和它的属性标记登记在数据库里。检索系统使用用户提供的这个属性表对生语料自动分词,并生成索引,供给用户检索。检索系统对属性表没有任何限制,规模可大可小,表中的词目也可以跟通常认为的词没有关系,属性可以是语法的,也可以是构词的、语义的、语音的,等等。这样用户就能根据自己的需要检索和研究各种字串在语料中的表现。

把语料加工技术集成在检索系统里面,是语料库检索系统的另一个特点。语料加工技术一般指词语自动切分和词性自动标注。在北京语言大学的语料检索系统中,未登录词的自动识别技术比较有特点。它可以识别各种数字串、中西人名、中西地名、机构名、后缀短语等,并为它们建立索引,供用户检索和统计。

4.3.3　语料库的规范问题

语料库的规范问题主要是对语料加工而言的。汉语语料库首先遇到的规范问题是词语切分。我国在 20 世纪 90 年代初发布了国家标准《信息处理用现代汉语分词规范》(标准号为 GB/T 13715 - 92)。这个规范基本上采用《暂拟汉语教学语法系统》中的观点,把词定义为"最小的独立运用的语言单位"。针对汉语语素、词和词组界限不够清晰的问题,还特别提出了"分词单位"的概念。把"分词单位"定义成"汉语信息处理使用的具有确定的语义或语法功能的基本单位",并且用"结合紧密、使用稳定"的原则作为判断分词单位的标准。这样做的目的是避免发生关于如何界定词的争论。但是"结合紧密、使用稳定"的原则缺少可操作性,因此对于自动分词研究中的具体问题常常难有定论。于是就有了根据规范制定一个词表,用"规范 + 词表"的办法指导分词的建议。这样在 20 世纪 90 年代中期和末期,分别编制了收词 43 570 条的《信息处理用现代汉语常用词表》和收词 9 万多条的《信息处理用现代汉语分词词表》。其中后者是在 8 亿字的大规模语料库支持下,采用"串频""互信息""相关度"等计算统计方法,依据定量的数据分析结果辨识"分词单位"的。与此同时,语言学家也参与了制定这个词表的工作,他们提出的各种语言学规则,从定性分析的角度与统计数据相互作用,最后经过人工审定,确定了 92 843 个词目,其中一级常用词 56 606个,二级常用词 36 237 个,成为目前许多自动分词系统使用的词表。

20 世纪 90 年代中期,台湾的计算语言学会也提出了《资讯处理用中文分词规范》。这个规范有三条基本原则:一是分词单位必须符合语言学理论的要求;二是在信息处理上切实可行;三是能够确保真实文本处理的一致性。它把分词规范分成"信、达、雅"三个不同的等级,"信"级是基本资料交换的标准,"达"级是机器翻译、情报检索等自然语言处理的标准,"雅"级则是分词的最好结果。这样可以根据不同的应用目的做不同难易程度的分词处理。

词语切分以后,下一个规范问题就是词性标注。经过十多年的词性标注研究和实践,教育部语言文字应用研究所于 2001 年提出了《信息处理用现代汉语词类标记集规范》。这个规范吸收了语言学家的研究成果,也兼顾了已有的各个用于语言信息处理的词类系统,制定了标记现代汉语书面语词类的符号集,使各种汉语信息处理应用系统能够尽量使用统一的词类标记,有助于信息交换和资源共享。

标注短语和句子结构是语料库进一步深加工的内容,虽然目前尚处于起步阶段,但在标注的同时已经考虑了规范的问题。清华大学提出的《汉语句子的句法树标注规范》,主要包括句法标记集的内容描述、句法树的划分规定、歧义结构的处理、结构分析的方向性等问题。上海师范大学根据自己制定的《汉语文本短语结构人工标注规范》,对 100 万字的《读者文摘》(1997 年)进行了分词、词性标注和人工标注短语的试验。哈尔滨工业大学采用包含 23 个短语符号的标记集合,开发了一个 8 000 个句子的汉语树库。清华大学还建立了一个基于语义依存关系的语料库,也涉及标注体系的选择和标注关系集的确定。这些工作规模都不大,在规范方面还处于各自为政的状态。随着语料的进一步深入加工,各类规范将得到统一。

北京大学的《人民日报》标注语料库是目前规模最大的汉语基本标注语料库。在它的开发过程中,各种加工规范起了关键的作用。在这些加工规范中,有词语的切分规范,主要规定把句子的汉字串形式切分为词语序列的原则;有现代汉语词类及标记集规范,规定切分出来的词语、短语、标点符号的类别和标识符号;有切分和标注相结合的规范,规定语素构成合成词的方式(重叠、附加和复合);有标注规范,规定词性标注与词库的关系,主要解决如何在上下文环境里确定兼类词的词性;还有收词 7 万余条的词库《现代汉语语法信息词典》。加工大规模的语料是一项浩大的语言工程。语料标注的准确性和一致性需要靠完善、合理的词库和严谨、实用的加工规范来保证。《人民日报》标注语料库的加工规范和《现代汉语语法信息词典》是语言学家和信息处理专家合作,在汉语语法研究的理论和方法指导下,根据汉语信息处理的实际需要制定和开发的。在标注大规模语料的实践中,又得到了验证和完善。

除了语料加工以外,语料库还应该在语料的采集和存储格式上有所规范。对于平衡语料库来说,采集规范主要是为了保证语料的平衡性,而类别分布和时间分布是语料平衡的两大要素。每个语料库都要对语料进行分类,分类的原则各不相同,有的根据内容涉及的主题分类,有的根据语体分类。在众多平衡语料库当中,台湾中央研究院的现代汉语平衡语料库的分类标准很值得注意。这个语料库的研制者认为,用传统的文体单一特征来界定平衡语料库不足以反映影响整个语言全貌的内在因素。因此他们采用的是多重分类原则,即把所有语料都标上五个不同特征的值:(1)文类;(2)文体;(3)语式;(4)主题;(5)媒体。利用以主题为主的五个特征的多重分类来进行语料库的平衡。这样做还使研究者能够任选其中几个特征的组合,定义自己的次语料库(sub-corpora),也可以在次语料库间做比较研究。另外,多重分类原则也有利于以后平衡语料库的更新。语料存储格式的规范一般指采用统一的编码规范为电子文本作标记,目前可扩充置标语言 XML 被广泛地用作语料库标注的元语言,存储格式的标准化有助于语料的交换和共享。

4.4　语料库在语言研究中的应用

在语言研究中,语料库方法是一种经验的方法,它能提供大量的自然语言材料,有助于研究者根据语言实际得出客观的结论,这种结论同时也是可观测和可验证的。在计算机技术的支持下,语料库方法对语言研究的许多领域产生了越来越大的影响。各种为不同目的而建立的语料库可以应用在词汇、语法、语义、语用、语体研究,社会语言学研究,口语研究,词典编纂,语言教学及自然语言处理、人工智能、机器翻译、言语识别与合成等领域。我国在语料库的应用上还处于起步阶段,在计算语言学和语言信息处理领域,语料库主要用来为统计语言模型提供语言特征信息和概率数据,在语言研究的其他领域,多使用语料的检索和频率统计结果。

语料库与自然语言信息处理有着相辅相成的关系,大规模的语料库是用统计语言模型方法处理自然语言的基础资源。然而统计语言模型本身并不关心其建模对象的语言学信息,它关心的只是一串符号的同现概率。譬如 N 元语法模型,它只关心句子中各种单元(比如字、词、短语等)近距离连接关系的概率分布,而对于许多复杂的语言现象,它就无能为力了。在统计语言建模技术最先得到成功应用的自动语音识别领域,语料库的开发和建设格外受到重视,标注语料库成为不可缺少的系统资源,就是因为,要想改进 N 元语法的建模技术,必须利用语料库引入更多的语言特征信息和统计语言数据。同样,在书面语语言信息处理领域里,语料库提供的语言知识也越来越多地用在统计语言模型方法中。除了词语自动切分、词性自动标注、双语语料对齐等语料加工技术以外,人们还在语料库的支持下,建立有关语法、语义的语言知识库,开发信息抽取系统、信息检索系统、文本分类和过滤系统,并且把基于统计或实例的分析技术集成到机器翻译系统里面。

　　近年来在语料库的支持下,从信息处理的角度研究汉语词汇、语法和语义问题的报告也日渐增多。这些研究包括:根据逐词索引做汉语词义的调查;对词语搭配进行计量分析;利用量词 - 名词的搭配数据研究汉语名词分类问题;进行现代汉语句型的统计和研究;做短语自动识别(例如基本名词短语、动宾结构)和自动句法分析的试验;研究在句子里为词语排除歧义的算法;分析和统计汉语词语重叠结构的深层结构类型及产生方式;等等。

　　对于词汇学、语法学、语言理论、历史语言学等研究来说,语料库的作用目前大多还是通过语料检索和频率统计,帮助人们观察和把握语言事实,分析和研究语言的规律。语料库方法的发展会使这种仅起辅助作用的手段逐步变成必备的应用资源和工具。利用语料库,人们可以把指定的语法现象加以量化,并且检测和验证语言理论、规则或假设。

　　在少数民族语言和方言调查研究方面,比较有代表性的工作是"藏缅语语料库及比较研究的计量描写"。它建立了我国境内藏缅语族 5 大语支、82 个语言点、16 万词条的词汇语音数据库,对藏语方言的音节、音位、声母、韵母、声词、词素、构词能力和语音结构等 10 余项特征做了分布和对比分析。对藏语 15 个方言点做了语音对应关系和音系对比关系的量化描述,并且在这个基础上做出具有历时和共时比较研究意义的相关分析,得出了语言分类的相关矩阵和聚类分析图表。

　　在应用语言学领域,词典编纂和语言教学同是语料库的最大受益者。目前已有多部词典在编纂或修订过程中,不同程度地使用语料库或电子文档收集词语数据,用于收词、释义、例句、属性标注等。南京大学近年来开发了 NULEXID 语料库暨双语词典编纂系统,涉及英汉两种语言,在《新时代英汉大词典》的编纂过程中起了重要作用。从词典编纂的整体情况看,我们还缺少充分的语料资源和有效的分析工具,很多有意义的事情还做不了。譬如,分析语料中显现的词语搭配现象,利用语料库进行词语意义辨析,在动态的语料库中辅助提取新词语,等等。把语料库用于语言教学的一个例子是上海交通大学的 JDEST 英语语料库,利用这个语料库,通过语料比较、统计、筛选等方法为中国大学英语教学提供通用词汇和技术词汇的应用信息,为确定大学英语教学大纲的词表提供了可靠的量化依据。这个语料库也在英语语言研究中发挥了作用,支持基于语料库的英语语法的频率特征、语料库驱动的词语搭配等项研究。2003 年,中国学习者英语语料库由上海外语教育出版社正式发行。这个语料库是一个 100 多万词的书面英语语料库,涵盖我国中学英语、大学英语 4 级和 6 级、英语专业低年级和高年级的学习内容,并对所有的语料做了语法标注和言语失误标注。根据这个语料库得到了词频排列表、拼写失误表、词目表、词频分布表、语法标注频数表、言语失误表等,还把这些数据与一些英语本族语语料库(如 BROWN, LOB, FROWN, FLOB)进行了某些比较。这个语料库为词典编纂、教材编写和语言测试提供了必要的资源。目前上海交通大学正在建设大学英语学习者口语英语语料库。

　　在近年来语料库建设和应用的基础上,2003 年国家"973"计划开始支持中文语言资源联盟(Chinese Linguistic Data Consortium, Chinese LDC)的建立。Chinese LDC 是吸收国内高等院校、科研机构和公司参加的开放式语言资源联盟。其目的是建成能代表当今中文信息处理水平的、通用的中文语言信息知识库。Chinese LDC 将建设和收集中文信息处理所需要的各种语言资源,包括词典、语料库、数据、工具等。在建立和收集语言资源的基础上,分发资源,建立统一的标准和规范,推荐给用户,并且针对中文信息处理领域的关键技术建立评测机制,为中文信息处理的基础研究和应用开发提供支持。

近年来在计算语言学和语言信息处理领域的学术会议上,语料库的建设和应用一直是重要论题之一。讨论的重点集中在基于语料库的语言分析方法,以及语料的标注、管理和规范等问题上。语言学家更多关心的是语料库的规划和建设,语料库方法在语言研究和教学中的应用。近年来语言学界也召开有关语料库的专门学术会议,譬如 2001 年由中国社会科学院语言研究所主办,在清华大学召开的语料库语言学与计算语言学研究与实践研讨会,主要讨论了语料库的建设和应用、语言信息处理等问题;2003 年由上海交通大学等单位主办,在上海交通大学召开的语料库语言学国际研讨会,会议主题是"语料库研究与外语教学"。

第5章　翻译与本地化

5.1　本地化的概念

在全球化的背景下，完全考虑国内业务的企业越来越少，他们发现即使是为了在国内市场上竞争，也必须聚焦于国际业务。然而，有效地进军国际市场的征途并不总是畅通无阻。仅仅翻译一些手册和产品的用户界面是远远不够的，一个企业要想在国际市场上取得成功必须考虑许多商务问题：当地语言、货币、商务惯例、技术要求和文化嗜好等都必须进行研究，同时还要考虑针对当地市场的营销、销售和技术支持等，因此本地化服务行业应运而生。

本地化的英文为 Localization，由于单词较长，业界人士也常将其写为"L10N"，其中 L 为本地化英文单词的第一个字母，N 为最后一个字母，10 代表中间的 10 个字母。

需要指出的是，翻译虽然是本地化服务中一个很重要的工作，但其与本地化之间并不能直接画上等号。除了文字的翻译，与文字相关的如图片、图表、设计、用户界面等诸多内容，都需要通过本地化来适应目标语的文化环境。1990 年总部位于瑞士的本地化行业标准协会（LISA）的成立，标志着国际本地化行业的正式形成。LISA 对"本地化"术语进行了定义：本地化是对产品或服务进行调整以满足不同市场需求的过程。因此，确切地说，本地化是对产品或服务进行修改以应对不同市场间差异的过程。针对目标语言市场进行产品的翻译及改造，它不仅包含将源语言文字转换为目标语言文字，也包含针对目标语言的语义进行分析，以确保其在目标语言中的正确性，以及在目标文化中产品的（功能及语言）适用性。

Common Sense Advisory（CSA）公司曾在 2006 年进行过一次调查，结果显示 75% 的消费者更有可能选择使用自己母语的产品。此外，消费者或客户还能通过本地化产品获得好的用户体验，并更有可能重复购买。对于生产者来说，当产品经过本地化，并且以本地语言提供产品支持和服务后，技术支持的成本会降低。

5.2　本地化应用及分类

本地化的应用非常广泛，其中，软件和网站的本地化是较为常见，也是需求较大的两个类别。

1. 网站本地化

网站本地化是指对网站的文本、网页、图形和程序进行调整，使之符合目标国家的语言和文化习惯。专业的网站本地化服务应该包括网站内容翻译、网站后台程序本地化、网站音频、视频文件本地化、网站图像本地化处理和本地化网页设计制作。可能涉及文字的翻译、用户界面布局调整、本地特性开发、联机文档和印刷手册的制作,以及保证本地化版本能正常工作的软件质量保证活动。

网站本地化是一项极其复杂琐碎的工作,具体表现为:

语言不同,文化差异——译文要做适当调整;

市场不同,策略差异——信息要做适当取舍;

文件不同,文字差异——链接要做适当修改。

经过本地化的网站,一方面要保留总部网站的设计风格和格式,另一方面要在内容上突出本地特色。

随着电子商务的快速发展,对网站进行本地化意味着可以与不同国家的潜在客户进行更方便、更有效的交流和沟通。网站本地化不仅需要高超的翻译技巧,且精通 HTML、脚本语言、图像本地化及功能测试;还需要掌握多语种和方言的解决方案,为目标客户的理解搭建起一座信息沟通的桥梁。真正的本地化要考虑目标区域市场的语言、文化、习俗和特性。在网站本地化后,网站将会在当地的系统平台上运行,人们能够方便快速地用熟悉的语言去阅读本地化后的网站,自然可以提升信息传递效率。

2. 软件本地化

软件本地化是指改编软件产品的功能、用户界面(UI)、联机帮助和文档资料等,使之适合目标市场的特定文化习惯和文化偏好。软件本地化是将一个软件产品按特定国家或语言市场的需要进行全面定制的过程,它并不只是单纯地翻译用户界面、用户手册和联机帮助。完整的软件本地化服务包括翻译、重新设计和功能调整及功能测试等。因此,软件本地化过程还需要额外的技术作为支撑。

软件本地化服务范围包括:软件资源翻译排版、用户界面本地化、用户界面重新设计与调整、联机帮助系统本地化、功能增强与调整、功能测试及翻译测试、翻译自动化和产品本地化管理、程序文字本地化。常见的软件本地化行业包括:医疗软件本地化、机械电子软件本地化、组态软件本地化、游戏本地化、手机软件本地化、商务软件本地化、工程软件本地化等。

由本地化服务委员会主编的《本地化入门手册》已经完成初稿,于2015年5月对外发布征求意见稿。手册深入浅出地介绍了什么是本地化,本地化做什么,怎么做本地化。有关本地化的更多详细介绍,可参阅该手册。

5.3 本地化基本准则

1. 凝练平实,言简意赅

信息全面,含义准确;语气流畅,逻辑通顺;使用书面用语,符合汉语语法习惯;杜绝错字、别字、多字、少字、标点符号误用和英文拼写错误;译文的用词及语气须避免有对性别、年龄、种族、职业、宗教信仰、政治信仰、政党、国籍、地域、贫富及身体机能障碍者的歧视。

本地化的项目绝大多数属于科技英语的本地化项目,在科技英语项目的本地化翻译时要掌握其他语言规律和特点。

2. 句子结构严谨

从文体上看,大多是论述性、指南性的,多用陈述句、祈使句,平铺直叙,少有感情色彩。句子结构简练严谨,常采用省略手法,用短语来代替从句。词汇力求短小精悍,常用复合词,技术性越强,复合词越多。在表现手法上力求客观性,避免主观性和个人色彩,被动语态使用较多,以使句子紧凑,主语信息丰富,避免重复。文章结构层次分明,用词比较正规,连接词的使用十分频繁且重要。

3. 手册语言活泼

手册的语言风格与联机帮助或界面相比要略显活泼一些,经常会出现一些疑问句、反问句、感叹句、俚语等;在翻译时要将这些地方译得尽量文雅而不口语化,力求传达原文要表达的感情,而表达方式又要符合汉语的习惯。

4. 特殊名称处理

(1)名称、地址

原文中虚拟的人名、地址、公司名称及客户名称若译成中文,应避免与名人或真实的公司名称有雷同的情况,亦不得谐音,地址在需要的情况下也请使用中文。如有疑问,请 IQA (Image-based Question and Answer)或向该产品组查询确认。

(2)产品名称

原则上正式上市的中文版 Microsoft 产品,其产品名称均维持原文格式,不加以翻译。在较重要或明显之处(如手册的封面、内容第一次提到产品名称时,或安装说明中有关操作系统的说明),应使用产品全称,即应在中文产品名之后加上"中文版"或"中文专业版"字样,如"Microsoft Office 97 中文专业版""Microsoft Windows 95 中文版"。

(3)世界地名

地理名词的处理往往涉及国家的政策,一定要慎重对待。对于文件中未包含的条目,中国地名请以中国地图出版社的《中华人民共和国行政区划分简册》为准;外国地名请以中国地图出版社的《世界地图集》为准。注意:如果遇到"中华民国""Taiwan"或"Republic of China"等字样,须立即通知项目经理;对于单词"国家",如果是"国家"之意,则无论出现在何处,均需译为"国家/地区"。Taiwan, Chinese,应译为"中国台湾地区"。产品中的这类政治敏感性词汇,有可能给客户带来法律纠纷,因此这一点非常重要,不能有任何差错。

(4)商标

所有在商标列表中包括的条目,均应保留英文,不加翻译。对于斜体的处理,除特别标明外,英文原文中的斜体字(Italics)在翻译成中文后改用宋体。如果原文的斜体是用以表示书籍、手册、期刊杂志及报纸的名称,大型音乐作品的曲名,戏剧及电影的剧名,广播电视节目名称,或诗歌的标题,则应依有关规定以书名号(双角括号《 》)代替。

5.4 本地化的起源和发展

20 世纪 80 年代,伴随着桌面计算机开始进入消费领域,没有计算机知识背景的普通用户开始慢慢接触到计算机技术。20 世纪 80 年代早期出现了最早的一批来自美国的计算机软硬件跨国公司。计算机走入"普通"用户的生活,他们希望计算机软件能够帮助他们更有效率地工作,因此也为软件厂商提出了新的要求。软件需要紧随技术发展,还要符合当地的标准和使用习惯,其中就包括了当地的语言。

软硬件厂商在国际上的扩张,自然也带来了更多针对目标市场本地化需求的产品。一些公司内部开始建立起翻译团队,专门负责针对目标市场进行软件翻译,其他一些公司则直接要求当地市场的代理商或销售商对软件进行翻译。但这些解决方案都存在自身的弊端,给软件的本地化工作带来了不小的挑战。

20 世纪 80 年代中期,致力于提供全球多语言服务的多语言服务商在市场上出现,例如 INK(Lionbridge 前身)和 IDOC(Bowne Global Solutions 前身),它们专注于提供科技文献和软件管理和翻译。进入 90 年代,随着因特网技术的广泛应用、软件国际化设计技术的快速发展,软件本地化的需求日益增大,软件本地化的实现技术逐渐成熟。为了降低软件本地化的语言翻译技术和人力资源等成本,国际大型软件开发商更愿意将软件本地化外包给专业软件本地化服务商,集中内部资源处理核心业务,由此催生了软件本地化服务商和本地化咨询服务商。

1990 年,本地化行业标准协会(LISA)在瑞士成立,成为本地化和国际化行业的首要协会组织之一,标志着软件本地化行业的初步形成。LISA 的目标是促进本地化和国际化行业的发展,提供机制和服务,使公司间能交换和共享与本地化、国际化相关的流程、工具、技术和商务模型等方面的信息。

20 世纪 90 年代后期,伴随着因特网技术和软件设计技术的突飞猛进,软件本地化行业以平均每年 30% 的速度蓬勃发展。国际软件本地化服务商不断发展,例如 Lionbridge、ALPNET 和 Berlitz GlobalNET 等都是软件本地化行业的先驱。

软件本地化在全球的发展,促进了两级语言市场的划分。根据当地语言市场的规模,世界范围内逐渐形成了一级语言和二级语言两大本地化市场。德语、法语、意大利语、西班牙语和日语成为一级本地化市场,简体中文、繁体中文、韩文和东欧语言等成为二级语言本地化市场。软件开发商在软件本地化实施过程中,总是优先本地化一级语言市场。随着中国在国际影响力的不断提升,简体中文的市场需求增长迅猛,有望成为一级语言市场。

随着国际软件开发商进行软件本地化外包的程度不断加大,软件本地化人才的需求呈不断上升趋势。一方面,本地化服务商加强了新员工的内部培训;另一方面,一些大学开设了与软件本地化有关的课程,如美国俄亥俄州的肯特州立大学(Kent State University)开设了本地化语言、翻译和项目管理方面的课程。近年来,国内的北京大学开设了计算机辅助翻译技术、双语编辑与排版、国际化与本地化工程技术等研究生课程。2015 年,广东外语外贸大学高级翻译学院翻译硕士专业学位设立了翻译与本地化方向。北京语言大学和西安外国语大学也相继在本科或硕士研究生阶段开设了相关方向的课程。

本地化引领语言服务行业在探索中实践,在实践中发展,助力跨国企业全球化的发展战略,驱动企业走向全球化运营和营销。

5.5　中国本地化发展概述

本地化在中国的发展几乎是与世界本地化同步的。20 世纪 90 年代初,本地化服务行业在我国萌芽。1991 年,Oracle(甲骨文)公司在北京建立北京甲骨文软件系统有限公司。1992 年,IBM(国际商业机器公司)在北京成立国际商业机器中国有限公司,同年,Microsoft(微软)在北京设立办事处。次年,微软公司的 Windows 3.1 操作系统推出简体中文版。IBM 和 Microsoft 等客户旺盛的本地化服务需求,催生了中国本土的本地化企业。1993 年,北京阿特曼公司(后改为北京汉扬天地科技发展有限公司,2005 年被北京中讯软件集团收购)成立。同年,北京时上科技(后改为北京东方新视窗技术有限公司)成立。两家公司都为微软、SUN 等公司提供软件本地化服务(当时称"软件汉化")。1993 年是我国本地化服务行业元年,我国本地化服务行业从萌芽实现破土。

随着国际大型软件公司加快软件全球化的步伐,软件本地化服务需求不断提高,本地化服务行业也在不断探索中逐渐积累了技术和经验。1995 年到 2002 年,我国本地化服务行业进入了快速发展的"黄金时期",当今知名的中国本地化服务公司几乎都是在这一时期成立的。

1995 年,北京博彦科技发展有限公司成立(即现在的博彦科技股份有限公司)。1996年,深圳市博得电子公司(现为博芬软件(深圳)有限公司)在深圳成立。1997 年,北京创思立信科技有限公司和北京天石易通信息技术有限公司在北京成立。1998 年,北京传思公司成立,2002 年,深圳市艾朗科技有限公司成立。此后,新成立的公司数量明显减少,2004 年中软资源信息科技技术服务有限公司在北京成立。2005 年北京新诺环宇科技有限公司成立(后被文思创新软件技术有限公司收购)。2007 年,国内第一家提供本地化和国际化服务行业培训的公司北京昱达环球科技有限公司成立。

这期间,许多国际知名的本地化服务公司涌入中国市场,先后在中国成立分公司或设立办事处。1996 年,ALPNet(奥立)在深圳成立分公司,成为第一家进入中国市场的本地化公司。1998 年,美国保捷环球(BGS)、美国莱博智(Lionbridge)和德国翻译技术工具开发商塔多思(Trados)公司在北京成立办事处。2000 年,英国思迪(SDL)公司在北京成立分公司。

国内本地化公司创业和发展初期,重心放在了加强企业内部管理,很少参与大规模的同行交流。1997 年,本地化行业标准协会(LISA)首次在北京举办本地化行业论坛,国内本地化公司首次在国内参加正式的国际交流活动,这一状况得到了改变。1997 年可以称为中国本地化行业交流的元年。

2009 年,中国翻译协会本地化服务委员会正式成立,标志着国内本地化服务行业结束了无序发展的状态,确立了中国本地化服务的行业地位。本地化服务委员会成立后,与中国翻译协会、本地化公司及多所大学展开了一系列工作,使得我国本地化服务行业的面貌焕然一新。委员会通过多种方式,积极促进本地化在国内外的传播,促进了行业会议与专题沙龙的规范化与多样化、本地化和翻译专业人才培养的规范化与专业化,制定了行业规范促进本地化行业的规范化发展,并建立了语言服务业调研与报告机制。

随着全球经济一体化和区域化的深入发展,我国本地化的客户已经不仅限于国外跨国公司,国内高科技公司(如华为等)在国际化发展战略的推动下,提供了越来越多的本地化和国际化的新需求,创思立信和博芬等中国本地化公司走出国门,在海外开设分公司,实施国际化发展战略。

随着全球和我国经济贸易的深入发展,本地化服务行业将呈现爆炸式增长,翻译技术与范式日新月异,本地化服务行业将迎来机遇与挑战。为此,本地化服务行业需要始终追赶世界发展的步伐,挖掘国际和国内两个市场的本地化新需求,通过技术创新、管理创新、服务创新和商业模式服务创新,继续引领我国本地化服务行业向专业化和国际化发展。

5.6 译员必备的本地化软件

软件本地化包含文字翻译、软件编译、软件测试和桌面排版等多项工作,需要多种软件配合才能完成,主要包含操作系统软件,通用软件,专用软件。选择合适的软件,可以提高工作效率,创建符合行业格式的文件。本文将分类列举这些软件本地化时需要用到的软件。

1. 操作系统软件

操作系统是软件本地化项目实现的平台,它的选择必须符合本地化的软件要求。可能用到的操作系统包括:Windows,Macintosh,Solaris,Unix 和 Linux。其中,Windows 操作系统应用最为普遍。Windows 操作系统分为不同语言的不同版本。在东亚语言的软件本地化中,分为简体中文、繁体中文、日文和韩文。目前常用版本包括:Windows 7,Windows 8,Windows 10 等。根据软件本地化的需要,可能要安装相应的软件补丁程序(Service Pack)。在局域网中,要安装服务器版本或客户端版本的操作系统。与 Windows 操作系统紧密相关的是浏览器。某些本地化的软件对浏览器的类型和版本有特定的要求,例如,要求必须安装 Internet Explorer 8.0 等。

2. 通用软件

通用软件完成软件本地化的文档处理和通信交流。选择的原则是:满足软件本地化的格式要求,操作简便,提高工作效率。常用的文档处理软件包括:

(1)文字处理软件

文字处理是软件本地化的主要内容之一。各种本地化软件包的文档都是使用文字处理软件编写的。常用的软件本地化文字处理软件包括:Microsoft Word,Windows 记事本,Ultra Edit。

(2)表格处理软件

在软件本地化过程中,表格处理软件用于提交完成的任务。例如,软件测试结果,生成的术语表等。常用的表格处理软件是 Microsoft Excel。

(3)数据库软件

数据库软件用于公司内部通信和文档管理,也用于管理本地化软件测试中发现的软件缺陷(Bug)。此外,某些软件的运行需要数据库的支持。软件本地化中常用的数据库软件包括:Microsoft Access,Lotus Notes 等。

(4)压缩/解压缩软件

为了减小文件本身大小,便于文件传输,软件本地化的许多文件需要使用压缩软件压缩,用户在使用这些文件前需要使用相同的软件解压缩。常用的压缩软件为 WinZip。

(5)文档上传/下载软件

在软件本地化过程中,软件开发商和本地化服务商之间需要相互提供和提交各种类型的文件,包括各种本地化工具包,源语言软件程序,本地化任务的结果等。为了便于文件管理,增强安全性,提高文件传输速度,需要在项目规定的 FTP 服务器上通过文档传输软件完成。常用的文件传输软件为 CuteFTP,WS_FTP 等。

(6)屏幕捕捉软件

软件测试和文档排版都需要捕捉软件运行的屏幕画面,保存为图像文件,例如软件启动窗口、软件的用户界面(菜单、对话框等)。捕捉方式包括:全屏幕、当前活动窗口和局部窗口。为了准确获得这些画面需要使用屏幕捕捉软件,常用的软件是 SnagIt。

(7)图像处理软件

为了满足本地化图像的格式,需要处理屏幕捕捉的图像,例如,圈定错误的内容,修改图像内容,改变图像存储格式。这些工作需要使用图像处理软件,常用的图像处理软件包括:Adobe Photoshop, Paint Shop Pro,Windows 画图等。

(8)比较文件和文件夹软件

软件本地化过程中经常要比较文件和文件夹的内容。例如比较源语言软件版本和编译后的本地化软件版本的文件夹,查看哪些文件本地化后发生了改变。有时要比较不同版本的同一个文件的内容有何变化。这些工作需要使用文件和文件夹比较软件进行,常用的软件为 Windiff。

(9)文件合并与分割软件

软件本地化项目如何处理大的文件呢? 例如,源语言软件,编译后的本地化软件。为了提高传输可靠性,方便文件下载使用,需要使用文件分割工具先把大文件分割成多个小文件分别传输。接收端用户下载这些小文件后再使用文件合并工具合并成原来的大文件。一般文件分割和合并采用相同的软件,例如,MaxSplitter 等。

(10)磁盘分区备份软件

软件本地化经常要在不同操作系统上进行测试,例如,Windows 7, Windows 8,Windows 10 等。为了减少重复安装操作系统的时间,需要备份已经安装的操作系统,便于需要更换操作系统时,很快恢复备份的操作系统。要完成该要求,最常用的软件是 Norton Ghost。

(11)计划管理软件

软件本地化的项目计划管理是十分重要的工作。为了明确项目的时间进度、资源分配、工作任务等内容,大型软件本地化项目计划的创建和更新需要专业计划管理软件完成。目前使用较广泛的是 Microsoft Project。

(12)通信交流软件

软件本地化项目实施过程中需要信息交流。不仅包括本地化服务商内部的各个功能小组成员的内部交流,也包括本地化服务上的项目管理人员与软件开发商之间的外部交流。除了电话联系,电子邮件是常用的交流工具,但是对于某些时效性比较强的问题,经常使用实时在线交谈软件。通常内部交流可以采用的软件是 Lotus Notes,外部交流是 Microsoft Outlook Express,而实时在线交谈的软件是 Microsoft MSN Messenger,AOL Instant Messenger。

3.专用软件

(1)翻译记忆软件

为了提高软件翻译的效率和质量,软件本地化的翻译任务经常采用翻译记忆软件。当前,软件本地化行业最常用的翻译记忆软件是 SDLTrados,Transmate。

(2)资源提取软件

源语言软件的界面(菜单、对话框和屏幕提示等)的字符需要使用资源提取工具,将这些需要本地化的字符从资源文件中提取出来,然后进行翻译。常用的资源提取软件包括:Alchemy Catalyst 和 Passolo。

(3)桌面排版软件

通常需要先使用专业桌面排版软件处理件本地化项目中各种印刷材料(软件用户手册、安装手册等),然后才能印刷。常用的桌面排版软件有:FrameMaker,CorelDraw,Illustrator,Freehand。

(4)资源文件查看和编辑软件

为了修复本地化软件的软件缺陷(Bug),经常需要先打开各种本地化资源文件进行编辑,例如动态连接库文件(dll)。打开这些资源文件常用的软件包括:Microsoft Visual Studio,Microsoft Visual Studio. Net,Ultra Editt 和 LXP UI Suite 等。

(5)文档格式编辑软件

翻译在线帮助等文档时,经常需要进行文档格式转换,以符合软件本地化的要求。常用的文档格式编辑软件包括:Help Workshop,Html Workshop,Html QA。

(6)自动测试软件

自动测试在软件本地化过程中占有重要的位置。根据软件的特点和本地化的需要,需要选用专用自动测试软件,运行开发的测试脚本程序进行软件自动测试。常用的自动测试软件是 Silk Test。

(7)其他根据软件本地化要求开发的工具软件

为了满足软件本地化项目的要求,在没有合适的通用软件的前提下,必须开发专用工具软件。例如,为了编译软件本地化版本,需要开发编译环境所需要的各种脚本处理程序。

5.7 本地化服务中的翻译技术与工具

本地化服务范围是动态发展的,典型的本地化服务包括软件本地化、游戏本地化、多媒体本地化、移动应用程序本地化、桌面排版、项目管理等。

在产品本地化过程中,翻译是本地化的核心任务之一,为了更好地完成翻译任务,从技术方面来说,通常需要进行本地化工程分析(Engineering Analysis)、预处理(Pre-process),翻译任务完成后,要进行后处理(Post-process)。下面以软件本地化为例,以本地化翻译为焦点,论述本地化服务中本地化工程分析、预处理、翻译、后处理等本地化流程中翻译技术与工具的应用。

1. 本地化工程分析的技术与工具

本地化工程分析是根据项目需求和范围,在为后续的本地化翻译工作做准备的同时,将工程技术工作分解成工作活动,并按工作活动评估工作量大小的一组工作。本地化工程分析的主要目的是:从技术上分析本地化的可行性,制定本地化技术策略,确定本地化包(包括本地化文件集、本地化指南、本地化工具、本地化参考材料等)。

本地化工程分析的技术主要包括提取本地化资源文件的技术、文本字符统计技术。软件本地化工程分析使用的工具与编程语言和编程环境有关。如果软件的国际化设计良好,本地化资源文件可以在软件开发过程中将资源文件与软件代码隔离和独立。如果软件的国际化设计不良,则需要单独编写从软件代码提取软件资源文件的工具。为了便于软件工程分析,合理地完成工程任务分解(WBS),制定本地化工程项目进度表,可以使用 Microsoft Project 软件。统计字数的工具很多,例如 SDL Trados、MemoQ、Wordfast 等 CAT 工具,都具有文件字数统计功能,而且可提供文件文本内容与翻译记忆库的匹配信息。

2. 本地化预处理的技术与工具

本地化预处理的目的是向翻译人员提供方便翻译的文件包,预处理的文件对象是软件的用户界面资源文件、软件联机帮助、用户手册、市场材料等。预处理的工作内容主要包括:文件格式转换、文本提取、文本标注、译文文本的重复使用。

预处理的技术包括光学字符识别技术(OCR)、文本提取(Extract)、文本标注(Markup)技术和翻译记忆(Translation Memory)技术,每种技术都可以选择多种工具完成相应的工作,下面介绍本地化预处理中的技术和工具。

光学字符识别技术是通过识别软件将图像中的文字转换成文本格式,供文字处理软件进一步编辑加工的技术。例如,为了翻译 PDF 文件,可以使用 Abbyy FineReader、Solid Converter 等工具,将 PDF 文件转换成 DOC 文件。

文本提取包括四个方面的技术:(1)从可以本地化的文件中使用软件将需要本地化的文本提取出来,如从视频或音频文件中将语音转化为文本,在各种语音识别工具当中,国内科大讯飞的语音识别工具较有影响力。(2)将图像中的文字提取出来,如使用 Text Catalo Tools 抽取 FLA 文件中的文字。将 Adobe Photoshop 设计的 PSD 格式图像文件中的文字转换成 TXT 格式,需要开发或选择定制的工具。(3)将包含重复句段的句子从一批文件中提取出来,如使用 SDL Trados Studio、MemoQ 等计算机辅助翻译工具。(4)将文件中的术语文本提取出来,如使用 SDL MultiTerm Extract。

文本标注包括三个方面的技术:(1)采用软件将文件中不需要翻译的文本进行样式转换,如将不需要翻译的标签(Tag)变成隐藏格式,可以使用 SDL Trados 将 HTML、XML 等文件中的标签隐藏,也可以通过编写 Word 的宏对文件的标签进行转换,如将标签转换为 twin4 External 样式。(2)将需要翻译文件的术语译文标注到文件中,可以使用"火云译客"的"术语标注"工具。(3)将翻译过程中需要特别处理的文本添加注释文字,如使用 SDL Trados、Passolo、Alchemy Catalyst 等工具,都具有添加注释的功能。

译文的重复使用(Leverage)是将以前已经翻译的内容导入需要翻译的文件中,保持译文的一致性、准确性,减少翻译工作量,降低成本,缩短翻译时间。翻译记忆技术是译文重复使用的最主要技术,通过翻译记忆软件将以前翻译过的译文从翻译记忆库中自动提取出来,应用到当前译文中。翻译记忆技术是计算机辅助翻译软件的核心技术之一,如 SDL Trados、Alchemy Catalyst、MemoQ、Wordfast、VisualTran、Transmate 等,都是支持翻译记忆技术的计算机辅助翻译工具。

预处理阶段还可能用到的技术包括语料对齐技术,将以前翻译过的源文和译文分割成多个翻译单元,导出为翻译记忆库文件,供预处理使用。对齐工具可以是 CAT 软件内部嵌入的(如 SDL Trados 带有对齐工具 WinAlign),也有独立运行的(如 Transmate 语料对齐工具)。

3. 本地化翻译技术与工具

本地化翻译执行过程中使用的翻译技术包括可视化翻译技术、翻译记忆技术、机器翻译技术、术语管理翻译技术、质量保证技术。

可视化翻译技术使得译者可以在翻译软件的用户界面(UI)文本时,实时看到翻译的原文和译文在软件运行时的语境信息(位置、类型等),避免翻译的"黑盒困境"。当前软件本地化翻译工具都具有可视化翻译功能,如 Alchemy Catalyst、SDL Passolo、Microsoft LocStudio 等。图 5 - 1 是使用 Alchemy Catalyst 翻译某 Windows 应用软件的对话框中的按钮"OK",由于译者看到"OK"是对话框中的按钮的文本,就可以确定将其翻译为"确定"。

翻译记忆技术使得译者可以重复利用之前翻译的内容,动态更新翻译记忆库的内容,保持翻译的准确性,提高翻译的效率。翻译过程中使用的翻译记忆工具包括商业化的工具,如 SDL Trados、STAR Transit、MemoQ、Wordfast、Dejavu、Alchemy Catalyst、SDL Passolo、Microsoft LocStudion 等,也包括开源的工具,如 OmegaT。

机器翻译技术可以快速获得译文,为后续的译后编辑提供处理对象,提高翻译效率,满足客户对信息获取的即时要求。机器翻译工具可以分为独立式和嵌入式两种。独立式机器翻译是独立运行的系统;嵌入式机器翻译是通过开放应用程序接口(API),在计算机辅助翻译工具中调用机器翻译系统的译文,如 SDL Trados、MemoQ、Transmate 等都集成了调用机器翻译 API 的功能。

术语管理技术使译者有效地完成术语的抽取、翻译、修改、存储、传输等工作。术语是本地化翻译需要重视的内容,在翻译过程中,译者在句段(Segment)级别借助术语管理工具动态,获得当前句段的术语及译文,并且可以方便插入当前译文中。在翻译过程中可以随时将新术语和译文添加到术语数据库中。本地化翻译的术语工具较多,分为独立式和集成式两种。独立式术语工具是单独安装和运行的术语管理工具,在翻译过程中可以与计算机辅助翻译工具配合使用,如 SDL MultiTerm。集成式术语工具是将术语管理的功能与翻译记忆功能合二为一,成为计算机辅助翻译工具的功能之一,如 Wordfast、Dejavu、MemoQ 都是把翻译记忆和术语管理功能集成在一个软件中。

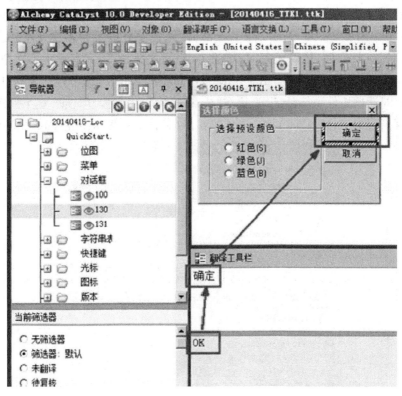

图5-1 Alchemy Catalyst 软件可视化翻译软件对话框的文本

质量保证技术提高了译文质量评测的客观性、一致性和效率,可以预防本地化的缺陷,改进本地化过程。使用质量保证工具可以在翻译过程中和翻译完成后自动化地获得译文中的错误和警告信息,包括漏译、翻译不一致、格式错误等。本地化翻译中的质量保证工具包括独立式和集成式两种。独立式质量保证工具包括 ApSIC Xbench、D. O. G. ErrorSpy、Yamagata QA Distiller、Palex Verifika 等。集成式质量保证工具将译文质量检查功能集成在计算机辅助翻译工具中,如 Trados、Wordfast、Dejavu、MemoQ 都具有质量保证功能。

在本地化翻译过程中,为了提高翻译效率,还可能使用句段翻译状态过滤功能,例如只显示未翻译的句段,或者只显示已经审校的句段。为了加快翻译时的键入速度,有些软件支持自动提示(AutoSuggest)功能,例如译者在输入了"Inter"后,在输入位置软件会自动提示"International"和"Internationalization"等列表,供译者快速选词,SDL Trados 工具具有这些功能。

4. 本地化后处理的技术与工具

本地化后处理的目的是将翻译人员完成的翻译文件进行处理,提供符合本地化要求的目标语言的文件,并且生成本地化产品的过程。后处理的文件对象是本地化的软件用户界面资源文件、软件联机帮助、用户手册、市场材料等。软件本地化后处理的工作内容主要包括:格式验证、控件调整、提取译文、文件格式转换、版本编译、软件测试、修正缺陷等。

本地化后的文字可能比源语言文字长度增加(字符扩展),通常一个英文单词翻译成1.7 个汉字,所以,翻译后的软件用户界面文字可能因为空间尺寸或位置问题,无法完整显示。格式验证是对本地化翻译后的文件进行格式检查和修改。常用的格式验证工具包括 Alchemy Catalyst、SDL Passolo、Microsoft LocStudio 等,这些软件可自动验证本地化翻译过程中引入的各种错误,例如,热键重复、热键丢失、空间重叠、空间文本显示不完整、译文不一致。图 5 - 2 是使用 Alchemy Catalyst 工具的"Validate Expert"对本地化文件中的"Export Image Setup"对话框控件进行验证,显示在"Result"窗口中的验功能证,结果发现了以下错误:(1)翻译后丢失了热键;(2)控件文本被截断(控件文字显示不完整);(3)控件重叠。

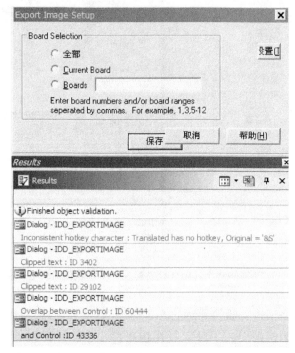

图 5 - 2　Alchemy Catalyst 的"Validate Expert"的验证结果窗口

控件调整是借助可视化软件本地化工具(如 Alchemy Catalyst)对验证发现的控件大小和位置错误进行修改的过程。例如图 5 - 2 中的控件被截断、控件重叠等错误,可以手工调整控件的尺寸大小和位置,使控件以正确的方式显示。

提取译文是使用计算机辅助翻译工具将双语文件导出为译文文件的工作,根据使用的工具不同,执行各自的提取工作,Alchemy Catalyst、SDL Passolo、Microsoft LocStudio、SDL Trados 等软件都可以提取或导出为目标语言文件。

提取的本地化文件,如果预处理时进行了格式转换,则后处理需要再次进行格式转换,还原为原来的文件格式。如将 DvC 文件转换为 PDF 文件。将预处理中提取的文本翻译后,使用特定的工具导入到源文件中。例如,将从 Adobe Photoshop 的 PSD 文件抽取的文本,翻译后导入到 PSD 文件,生成本地化后的 PSD 文件。

对于软件、网站、游戏等类型的本地化对象,需要本地化的内容在得到本地化的文件后,还需要通过版本编译(Compile)的软件工程技术生成本地化的产品,如本地化的软件安装程序、网站、游戏。软件本地化编译的工具可以是源语言软件的编译工具,也可以是软件工具定制编写的本地化编译工具。对于视频、音频和人机交互的电子材料还需要进行音频导入、字幕层导入、时间轴调整、语音、文字和视频合成等技术,获得本地化的产品。视音频编辑工具包括 Adobe Premier Pro、Adobe Captivate 等。

编译后的本地化产品(如软件、游戏、网站等)可能含有一些本地化缺陷(Bugs),需要执行测试,以发现和报告缺陷。本地化测试技术包括测试设计技术和测试执行技术,前者包括测试用例设计、测试脚本设计等,后者包括测试环境搭建、测试用例执行、缺陷报告与跟踪等工作。测试工具包括商业测试工具(如 HP QTP),也包括开源的测试工具,如缺陷管理工具 Bugzilla,还包括各公司定制开发的工具。缺陷修正是对测试发现的缺陷进行验证、定位、修改的技术。如果缺陷是功能失效,则通过使用源软件开发工具(如 VisualStudio,Eclipse)修改软件代码实现,对于错译、漏译和用户界面显示等翻译问题,可以使用计算机辅助翻译工具(如 Alchemy Catalyst、SDL Passolo)直接修改。

5.8　主流本地化工具介绍

5.8.1　SDL Passolo

1. 简介

Passolo 是一款功能强大的软件本地化工具,它支持以 Visual C ++ 、Borland C ++ 及 Delphi 语言编写的软件(. exe、. dll、. ocx)的本地化。以往针对这两种不同语言编写的软件,我们大多是需要分别使用 Visual Localize 和 Language Localizator 来进行软件的中文化。而现在,Passolo 把二者的功能结合在了一起,并且性能稳定、易于使用,用户既不需要进行专门的训练,也不需要丰富的编程经验,在本地化的过程中可能发生的许多错误也都能由 Passolo 识别或自动纠正。

Passolo 能够以单独的应用程序运行或与 Trados 和 MultiTerm 等其他 SDL 产品集成使用,将改进人工和自动化本地化工作流。

2. 功能

作为专业性的本地化工具,Passolo 的功能主要包括:

——支持 VC 软件新旧版本套用资源或字典的翻译中文化;

——支持 Delphi 软件使用专用/通用字典翻译中文化;

——利用已有的多种格式的 Passolo 字典对新建方案进行自动翻译;

——对 VC 、Delphi 软件都支持标准资源的可视化编辑;

——使用 Passolo 自带的位图编辑器可以直接对图片资源进行修改;

——可以把目标资源导出后借用外部程序翻译后再重新导入。

Passolo 自带了 XML、NET、VB 和 Java 等数种插件(Add-in),专业的编程人员可以借用它们对相应的资源文件进行本地化编辑。

具体来说,其产品益处主要包括几个方面:

(1)速度

使用 Passolo 可以加快软件本地化流程的速度。译员可直接通过 Passolo 易于使用的环境访问内容。Passolo 不要求译员具备技术和编程经验,使翻译毫无后顾之忧,因为翻译流程不影响环境代码。

(2)准确性

Passolo 的核心是全面的 QA 检查功能,使其能够提交准确而一致的软件项目。通过集成访问 Trados 软件,Passolo 可重复使用之前的翻译,确保翻译和术语的一致性。

(3)控制

Passolo 提供了全面的文件格式,使用户在相同的环境下接受任何类型软件项目。此外,借助全面的项目管理功能,只需数次单击即可访问以前项目版本的功能,Passolo 集成了简化项目控制所需的全部工具。

(4)兼容性

除全面的文件格式外,Passolo 也与最新的 Microsoft 技术、文件过滤器和语言兼容,用户可获得最大程度的灵活性,能够处理任何类型的软件项目。

3. 系统要求

Passolo 支持 Microsoft Windows XP、Windows Vista、Windows 7 和 Windows 8 系统。建议的最低硬件要求为 1 GB RAM、屏幕分辨率为 1280×1024 且基于 Pentium IV 的计算机。若要获取最佳性能,建议使用 2 GB RAM 和较新的 Pentium 或兼容的处理器。

4. 用途

Passolo 是当前世界上最流行的软件本地化工具之一。它支持多种文件格式:可执行文件,资源文件和基于 XML 的文件。文本可以被翻译为多种语言,包括亚洲语系及书写方式从右向左的语言,比如希伯来语和阿拉伯语。

Passolo 非常易于使用和易于优化本地化过程。使用者既不需要大量的时间也不需要昂贵的培训费用,更加不需要任何的编程经验。软件本地化工作可以在不接触源代码情况下完成,甚至可以在软件的最终版本产生之前就可以开始软件本地化工作。

Passolo 能保证翻译数据编译、交换和处理的易用性。它的模拟翻译功能会在实际翻译之前检查软件是否适合被本地化。

Passolo 包含多样的所见即所得(WYSIWYG)编辑器来处理软件的用户界面。包括对话框编辑器,菜单、位图、图标和鼠标指针编辑器。而且用户界面的处理非常的安全,绝对不会意外删除或者改变现有的元素和结构。

利用内部翻译记忆技术,Passolo 可以重用现有的翻译资源。即使程序没有用 Passolo 翻译,它也能使用其中的文本进行新项目的自动翻译。模糊匹配技术能同时搜索类似和精确匹配的文本,从而能提高翻译效率并缩短翻译周期。

软件本地化是个庞大的工程。其中显然会有很多的专家,每个人都会有他喜欢的工具。Passolo 能够和所有的主要翻译记忆系统交换数据,并且支持常用的数据交换格式。

它的质量检查模块可以检查文本的拼写,自动识别截断或者重叠的文本,以及不正确的快捷键。很多本地化过程中的潜在错误可以被避免或被 Passolo 识别出来。

Passolo 包含了 VBA 兼容脚本引擎并且支持 OLE。随时可用的宏(可以免费下载得到)能够大大方便 Passolo 的使用。使用整合的 IDE,客户可以开发他们自己的本地化解决方案以适应特定的软件需求。

5. Passolo 版本

(1)Professional 版本

作为独立的解决方案,Professional 版本特别适用于大中型项目的本地化工作。借助翻译记忆库系统和术语数据库的附加功能,用户可将翻译数据导入到外部程序,以便翻译相关手册和在线帮助。

(2)Team 版本

Team 版本可创建和管理一定数量的翻译捆绑包。用户可使用免费的 Translator 版本处理这些翻译捆绑包。通过单个 Team 版本许可,用户可以将整个项目(包括调整和测试对话框布局的任务)委派给外部翻译员。有三种不同的 Team 版本可供选择,具体取决于用户需要管理的翻译捆绑包数量。可以选择 5 个、10 个或无数个捆绑包。

(3)Collaboration 版本

这款最高级的 SDL Passolo 版本能支持并加快与敏捷开发流程相关的工作流。该版本使得本地化团队能将客户源文件的改动及时反馈给译员——避免了在同步更新中产生的时间和成本问题。

(4)Passolo Essential 版本

在最新版本的 Trados 中,SDL Passolo Essential 版本属于包含在其中的应用程序。此版本可让用户创建和翻译项目,并生成经过本地化的目标文件。但是,有一些功能受到限制,例如没有 QA 检查功能、不能利用以前翻译的内容,并且在每个项目中只能使用一种目标语言。

(5)Translator 版本

Translator 版本是一款可从网站免费下载的编辑器。它允许译员编辑由 Team 版本所创建的捆绑包。它不能分析源文件或生成目标文件,但可提供所需的其他所有功能。

(6)自定义版本

该版本可完全自定义 Passolo 的功能,并进行修订和改进。其核心概念就是 Passolo 是一种 COM 对象,其中包含完善的对象模型和内置 VBA 兼容性脚本运行引擎。用户可获得定制的本地化解决方案。

5.8.2　Alchemy Catalyst

1. 简介

Alchemy Catalyst 与 Visual Localize,是一款功能丰富、使用简便、扩展性强的可视软件本地化工具,它支持多种资源文件格式,比如常见的 *.exe、*.dll、*.ocx、*.rc、*.xml 等,遵循 TMX 等本地化规范,具有自定义解析器的功能,在软件资源(Resource)文件本地化翻译和工程处理方面发挥着积极的作用。

2. 特色

Alchemy Catalyst 的特色包括:方案以资源树的方式显现;与 LocStudio 一样也支持"伪翻译";支持. rc 文档的可视化编辑;可以在不建立方案的情况下直接对某个资源文件进行操作;支持利用字典自动翻译,提供外挂字典功能;可修改图片及图片组;可以自如地建立、维护、导入、导出字典文件;对于新版本的文件可以快速更新翻译。

虽然 Alchemy Catalyst 主要用于 VC 编写软件的本地化,但是利用插件也能实现 Delphi 编写软件的本地化。更为重要的是,Alchemy Catalyst 可以可视本地化位图、菜单、对话框、字串表、版本信息等标准资源。这就意味着,在 Alchemy Catalyst 的集成本地化环境(ILE)中,本地化人员能够预览到软件已经本地化的界面。Alchemy Catalyst 还具有一系列被称为专家的工具,它可以帮助本地化人员快速地完成软件的本地化过程。总之,Alchemy Catalyst 提出了一套关于软件的可视本地化的完整解决方案,无论是商业用户还是个人用户都能从中得到完全的需要。

3. 主要功能

(1)Leverage Expert——重复使用本地化翻译资源

Alchemy Catalyst 使用"重用专家(Leverage Expert)"对以前本地化翻译的内容进行重复使用,在软件资源文件更新后,可以将以前版本本地化翻译的内容导入,提高了本地化效率,保持本地化翻译的一致性。

Alchemy Catalyst 支持多种格式的翻译内容的重用,例如可以从先前翻译的工程文件(TTK)中导入翻译的内容,也可以从纯文本术语文件(TXT)、翻译记忆交换文件(TMX)和 Trados Workbench(TMW)中导入先前翻译的内容。

在重用翻译内容时,可以设置重用的具体选项和对象类型,可以设置模糊匹配的百分比,并且可以创建重用结果报告。

软件本地化通常与软件的开发过程同步进行,需要本地化的软件资源文件会经常更新,为了提高本地化效率,需要最大程度地重复使用先前版本已经翻译的资源文件。经过重用处理,工程文件中只剩下新增和更新的内容,供本地化翻译人员本地化翻译处理。

(2)Update Expert——更新资源文件

如前文所述,由于源语言不断推出新版本,本地化项目需要经常处理这种更新。除了使用前面的"重用专家",对于更新较少的源语言的资源文件可以使用 Alchemy Catalyst 的"更新专家(Update Expert)"进行处理。

使用"更新专家(Update Expert)",可以将源语言更新的一个或多个资源文件导入到已经翻译的项目文件(TTK)中,已经翻译的内容保持不变,更新处理后得到需要本地化翻译处理的新版本的项目文件。

"更新专家(Update Expert)"特别适用于只更新了个别资源文件或较少的更新内容的情形。它不需要创建最新的源语言项目文件,然后再使用"重用专家"进行处理,处理步骤更简洁、更高效。

（3）Translator Toolbar——本地化翻译

Alchemy Catalyst 使用工程（Project）文件（扩展名 TTK）组织各种本地化资源的文件。在客户提供的源语言的工程文件中，可能包含了多种类型的资源文件，例如，扩展名为. rc 的原始文本格式文件，扩展名为. DLL,. EXE 等的二进制格式文件。

本地化翻译工程师有多种翻译这些工程文件的方法，可以根据本地化项目的需要、翻译工程师的使用习惯进行选择合适的翻译方法。

第一种方法，直接在下载免费的 Alchemy Catalyst Translator/Lite Edition 版本（不需要加密狗 Dongle）以所见即所得（WYSIWYG）的方式直接翻译。Alchemy Catalyst 提供了翻译工具栏（Translator Toolbar），可以方便地进行翻译，采用源语言与目标语言对照的可视化方式或文本方式。在翻译的过程中，由于 Alchemy Catalyst 支持多种格式（TXT,TMX 等）的术语，所以在翻译过程中，软件自动从术语文件中搜索并且显示翻译的内容供参考。在翻译的过程中可以对翻译单元添加各种标记，例如锁定、预览、确定等。使用各种跳转按钮在翻译单元中跳转。

第二种方法，使用 Alchemy Catalyst 的抽取术语（Extract Terminology）的功能将工程文件转换成纯文本格式（TXT）、翻译记忆交换格式（TMX），然后使用 Trados 翻译，完成翻译后在利用 Alchemy Catalyst 的重复利用（Leverage）功能将翻译的内容导入到源语言的工程文件中。这种方式的优点是可以充分使用计算机辅助翻译（CAT）软件（Trados）的功能，缺点是没有可视环境，可能影响翻译的准确性。为了达到本地化翻译的较好效果，建议直接在 Alchemy Catalyst Translator/Lite Edition 版本上进行本地化翻译。

（4）Pseudo Translate Expert——伪翻译专家

源语言资源文件的伪翻译（Pseudo Translation）是软件国际化设计的重要内容，它选择一种本地化语言模拟本地化处理的结果。可以在不进行实际本地化处理之前预览和查看本地化的问题。通过伪本地化翻译，可以发现源语言软件的国际化设计错误，方便后续的本地化处理的错误，提高软件的可本地化能力。

经过伪本地化翻译处理，可以在软件本地化之前发现硬编码错误，调整控件的大小，减少后续本地化过程的修改软件代码和调整控件的任务。

（5）Validate Expert——验证本地化资源文件

资源文件本地化翻译后可能会带来一些本地化错误，例如，控件的大小和位置错误，丢失热键（Hotkey），可以使用 Alchemy Catalyst 的"验证专家（Validate Expert）"进行检查，然后改正。

验证专家可以检查各种类型的本地化处理错误，例如，热键重复、热键不一致、控件重叠、控件截断、拼写错误等。

在编译软件本地化版本之前，使用验证专家检查、修正本地化错误，可以减少后续本地化测试报告的本地化缺陷数量，缩短了修正软件缺陷的时间，降低了本地化成本。

（6）Generate Report——生成字数统计报告

统计资源文件中新增和更新的字数数量是本地化项目管理的一项重要内容，它是本地化项目报价的根据，也是分配本地化翻译人力资源的依据。

在"Generate Report"对话框中，可以设置需要统计的资源项目（对话框、字符串列表、菜单或全部),选择报告的类型:精简型或详细型,字数统计以 XML 的类型自动生成。

(7)QuickShip Expert——打包项目文件

为了供本地化翻译人员翻译项目文件,需要向他们分发项目文件、术语表和其他附属文件,Alchemy Catalyst 使用"QuickShip Expert"完成这些文件的打包,它将这些需要处理的文件生成一个自解压的可执行文件(EXE),称为"QuickShip Bundles"打包文件,方便向译员分发翻译文件。

翻译人员接到打包文件后,打开文件自动解压缩到翻译人员的计算机上,使用免费下载的 Alchemy CATAYST Translator/Lite Edition 版本进行翻译。

使用打包功能,降低了分发各种翻译文件的难度,可以一次性地包含各种类型翻译文件,保证了翻译的完整性和准确性。

(8)Extract Terminology Expert——抽取本地化术语

术语(Terminology)管理是保证翻译准确性、一致性的重要内容,是翻译人员需要参考的主要文件。Alchemy Catalyst 提供较好的术语管理功能,可以随时从当前的项目文件中抽取本地化术语,自动生成多种格式的术语文件。

Alchemy Catalyst 支持的术语文件的格式包括以跳格键(Tab)分隔的纯文本文件(TXT)、符合翻译记忆交换标准的 TMX 文件和 Trados(sdltb)文件。

5.9　本地化业务基本术语(ZYF 001 – 2011)
(Localization – Basic Terms and Concepts)

中国翻译协会是包括翻译与本地化服务、语言教学与培训、语言技术工具开发、语言相关咨询业务在内的语言服务行业的全国性组织。制定中国语言服务行业规范,推动行业有序健康发展,是中国翻译协会的工作内容之一。

ZYF 001 –2011《本地化业务基本术语》由中国翻译协会本地化服务委员会编写,于2011 年发布,分为综合、服务角色、服务流程、服务要素、服务种类和技术 6 个类别。

5.9.1　本地化业务基本术语

1. 范围

本规范定义本地化业务相关的若干关键术语,包括综合、服务角色、服务流程、服务要素、服务种类和技术六大类别。

本规范适用于本地化服务和翻译服务。

2. 综合

(1)本地化 Localization (L10N)

将一个产品按特定国家/地区或语言市场的需要进行加工,使之满足特定市场上的用户对语言和文化的特殊要求的软件生产活动。

（2）国际化 Internationalization（I18n）

在程序设计和文档开发过程中，使功能和代码设计能够处理多种语言和文化传统，从而在创建不同语言版本时，不需要重新设计源程序代码的软件工程方法。

（3）全球化 Globalization（G11n）

软件产品或应用产品为进入全球市场而必须进行的系列工程和商务活动，如正确的国际化设计、本地化集成，以及在全球市场进行市场推广、销售和支持的全部过程。

（4）本地化能力 Localizability

不需要重新设计或修改代码、将程序的用户界面翻译成任何目标语言的能力。本地化能力是表征软件产品实现本地化的难易程度的指标。

（5）质量保证 Quality Assurance（QA）

系统性地对项目、服务或其他交付物进行全方位监控和评估以确保交付物符合质量标准的方法和流程。

（6）第三方质量保证 Third-party QA

客户指定独立的第三方对某本地化服务提供商的交付物执行质量监控和评估的方法与流程。

（7）翻译错误率 Translation Error Rate

一个度量翻译质量的指标，通常按每千字中出现的错误的比例来计算。

（8）文件格式 File Format

以计算机文档形式保存文字内容时采用的格式规定，也称文件类型。一般通过文件扩展名加以区分，如 doc、pdf、txt 等。

（9）用户界面 User Interface（UI）

软件中与用户交互的全部元素的集合，包括对话框、菜单和屏幕提示信息等。

（10）用户帮助 User Assistant（UA）

也称联机帮助（Online Help），或者用户教育（User Education，UE），指集成在软件当中，为最终用户 方便快捷的使用软件而提供的操作指南。借助用户帮助，用户可以在使用软件产品时随时查询相关信息。用户帮助代替了书面的用户手册，提供了一个面向任务的、快捷的帮助信息查询环境。

（11）电子学习资料 E-learning Materials

各种形式的、用于教学/自学的电子资料与媒体的统称。

（12）服务角色 Role of Service

产品本地化实施过程中承担不同任务的各种角色。

（13）服务流程 Process of Service

产品本地化实施过程中相互联系、相互作用的一系列过程。

（14）服务要素 Element of Service

产品本地化流程中的各种输入输出对象。

（15）服务种类 Types of Service

提供本地化服务的类别。

（16）本地化技术 Technology of Localization

产品本地化过程中应用的各项技术的统称。

（17）多字节字符集 Multi-byte Character Set

每个字符用单个字节或两个字节及以上表示的字符集。

（18）现场服务 Onsite Service

指服务提供商派遣专业人才到客户方的工作场所内工作的一种外包服务模式。采用这种模式，客户既能够自己控制和管理项目，同时又能充分利用外部的专业人才。

（19）信息请求书 Request for Information（RFI）

客户向服务提供商发出的，请求后者提供其服务产品及服务能力方面基本信息的文件。客户通过向提供商发出 RFI 并获取反馈，以达到收集信息并帮助确定下一步行动的目的。RFI 不是竞标邀请，也不对客户或提供商构成采购服务或提供服务的约束。

（20）提案请求书 Request for Proposal（RFP）

客户向服务提供商发出的、请求后者就某特定的服务或项目提供提案的文件。客户通常会将 RFP 发给已获得一定程度认可的提供商。RFP 流程可以帮助客户预先识别优势及潜在的风险，并为采购决策提供主要参考。RFP 中的要求描述得越详细，获得的提案反馈信息就越准确。客户在收到提案反馈后，可能会与提供商召开会议，以便指明提案中存在的问题，或允许提供商进一步说明其技术能力。客户将基于 RFP 流程的结果挑选部分或全部提供商参加后续的竞标活动。

（21）报价请求书 Request for Quote（RFQ）

客户向服务提供商发出的、请求后者就具体的服务项或项目提供报价的文件。

3. 服务角色

（1）本地化服务提供商 Localization Service Provider，Localization Vendor

提供本地化服务的组织。本地化服务除包括翻译工作以外，还包括本地化工程、本地化测试、本地化桌面排版及质量控制和项目管理等活动。

（2）单语言服务提供商 Single Language Vendor（SLV）

仅提供一种语言的翻译或本地化服务的个人或组织，可以包括兼职人员、团队或公司。

（3）多语言服务提供商 Multi-Language Vendor（MLV）

提供多种语言的翻译、本地化服务，以及各种增值服务的组织。大多数 MLV 在全球范围内都拥有多个分公司和合作伙伴。

（4）本地化测试服务提供商 Localization Testing Service Provider，Localization Testing Vendor

提供本地化测试服务的组织。主要提供的服务是对本地化软件的语言、用户界面及本地化功能等方面进行测试，以保证软件本地化的质量。

（5）翻译公司 Translation Company

提供一种或多种语言的翻译服务的组织。主要服务包括笔译、口译等。

（6）服务方联系人 Vendor Contact

服务方中面向客户的主要联系人。

（7）客户 Client

购买本地化服务的组织。

（8）客户方联系人 Client Contact

客户方中面向服务提供商的主要联系人。

（9）客户方项目经理 Client Project Manager

在客户方组织内,负责管理一个或多个本地化或测试项目的人员。该人员通常是客户方的项目驱动者和协调者,通常也是客户方的主要联系人之一。该人员负责在指定期限内,管理服务提供商按预定的时间表和质量标准完成项目。

（10）服务方项目经理 Vendor Project Manager

在本地化服务提供商组织内,负责管理一个或多个本地化或测试项目的人员。该人员通常是服务方的项目执行者和协调者,通常也是服务方的主要联系人之一。该人员负责在指定期限内,按客户预定的时间表和质量标准完成项目交付。

（11）全球化顾问 Globalization Consultant

该角色人员主要负责对全球化相关的战略、技术、流程和方法进行评估,并就如何实施、优化全球化及本地化的工作提供详细建议。

（12）国际化工程师 Internationalization Engineer

在实施产品本地化之前,针对国际化或本地化能力支持方面,分析产品设计、审核产品代码并定位问题、制定解决方案并提供国际化工程支持的人员。

（13）本地化开发工程师 Localization Development Engineer

从事与本地化相关的开发任务的人员。

（14）本地化测试工程师 Localization Testing Engineer, Localization Quality Assurance（QA）Engineer

负责对本地化后软件的语言、界面布局、产品功能等方面进行全面测试,以保证产品本地化质量的人员。有时也称为本地化质量保证（QA）工程师。

（15）本地化工程师 Localization Engineer

从事本地化软件编译、缺陷修正及执行本地化文档前/后期处理的技术人员。

（16）译员 Translator

将一种语言翻译成另一种语言的人员。

（17）编辑 Reviewer, Editor

对照源文件,对译员完成的翻译内容进行正确性检查,并给予详细反馈的人员。

（18）审校 Proofreader

对编辑过的翻译内容进行语言可读性和格式正确性检查的人员。

（19）排版工程师 Desktop Publishing Engineer

对本地化文档进行排版的专业人员。

（20）质检员 QA Specialist

负责抽样检查和检验译员、编辑、审校、排版工程师等所完成任务的质量的人员。

4. 服务流程

（1）本地化工程 Localization Engineering

本地化项目执行期间对文档进行的各种处理工作的统称,其目的是为了方便翻译并确保翻译后的文档能够正确编译及运行。其工作内容包括但不限于:

·抽取和复用已翻译的资源文件,以提高翻译效率和一致性;

·校正和调整用户界面控件的大小和位置,以确保编译出正确的本地化软件;

·定制和维护文档编译环境,以确保生成内容和格式正确的文档;

·修复软件本地化测试过程中发现的缺陷,以提高软件本地化的质量。

(2)项目分析 Project Analysis

分析具体项目的工作范围、所包含的作业类型和工作量及资源需求等。该工作通常在项目启动前进行。

(3)项目工作量分析 Workload Analysis

针对项目任务的定量分析,通常包括字数统计、排版、工程和测试等工作量的综合分析。

(4)译文复用 Leverage

本地化翻译过程中,对已翻译内容进行循环再利用的方法和过程。

(5)报价 Quote

本地化服务提供商对客户方特定项目或服务招标询价的应答,通常以报价单形式呈现。

(6)项目计划 Project Plan

基于项目工作量分析结果制定的、需经过审批的标准文档,是项目执行和进度控制的指南。项目计划通常包括项目周期内可能发生的各种情况、相应决策及里程碑、客户已确认的工作范围、成本及交付目标等。

(7)启动会议 Kick – off Meeting

本地化项目正式开始之前召开的会议,一般由客户方和服务方的项目组主要代表人员参加。主要讨论项目计划、双方职责、交付结果、质量标准、沟通方式等与项目紧密相关的内容。

(8)发包 Hand – off

客户方将项目文件、说明、要求等发给服务提供商。

(9)术语提取 Terminology Extraction

从源文件及目标文件中识别并提取术语的过程。

(10)翻译 Translation

将一种语言转换成另一种语言的过程,一般由本地化公司内部或外部译员执行翻译任务。

(11)校对 Review,Editing

对照源文,对译员完成的翻译内容进行正确性检查,并给予详细反馈的过程;一般由本地化公司内部经验丰富的编辑执行校对任务。

(12)审查 Proofreading

对编辑过的翻译内容进行语言可读性和格式正确性检查的过程;一般由本地化公司内部的审校人员执行审查任务。

(13)转包 Sub Contracting

将某些本地化任务转交给第三方公司、团队或个人完成的活动,如将一些翻译工作外包给自由译员完成。

（14）翻译质量评估 Translation Quality Evaluation

抽查一定字数的翻译内容，根据既定的错误允许率评定翻译质量的过程。

（15）一致性检查 Consistency Check

对文档内容执行的一种检查活动，其目的是确保文档中所描述的操作步骤与软件实际操作步骤保持一致，文档中引用的界面词与软件实际界面内容保持一致，文档中的章节名引用及相同句式的翻译等保持一致。

（16）桌面排版 Desktop Publishing（DTP）

使用计算机软件对文档、图形和图像进行格式和样式排版，并打印输出的过程。

（17）搭建测试环境 Setup Testing Environment

根据客户方对测试环境的要求，安装并配置硬件、系统软件、应用软件环境，确保测试环境与客户要求完全一致。

（18）测试 Testing

编写并执行测试用例，发现、报告并分析软件缺陷的过程。

（19）缺陷修复 Bug Fixing

遵循一定的流程和方法，对所报告的各种缺陷进行修复，并集成到软件产品中的过程。

（20）界面布局调整 Dialog Resizing

在与源文件界面布局保持一致的前提下，调整翻译后用户界面控件的大小和位置，确保翻译后的字符显示完整、美观。

（21）交付 Delivery，Hand – back

也称"提交"指遵循约定的流程和要求将完成的本地化产品及附属相关资料交付给客户方的过程。

（22）资源调配 Resource Allocation

为本地化项目合理安排人员、设备及工具等资源的过程。

（23）定期会议 Regular Meeting

客户方和服务提供商的主要参与人员定期开会（如周会），就项目进度、质量控制、人员安排、风险评估等进行有效沟通。

（24）状态报告 Status Report

客户方与服务方之间一种较为正式的书面沟通方式，目的是使项目双方了解项目的当前执行情况、下一步工作计划及针对出现的问题所采取的必要措施等。发送频率视具体情况而定，如每周一次。

（25）语言适用性评估 Language Usability Assessment（LUA）

向最终用户收集有关本地化语言质量的反馈，进而使本地化语言质量标准与用户期望趋向一致。

（26）季度业务审核 Quarterly Business Review（QBR）

每个季度客户方与服务方之间定期召开的会议。会议内容通常包括本季度项目回顾与总结、出现的问题与改进措施、下季度新的项目机会等。

（27）项目总结 Post – mortem

本地化项目完成后,对项目执行情况、成功因素及经验教训等进行分析和存档的过程。

(28)时间表 Schedule

描述各种任务、完成这些任务所需时间,以及任务之间依存关系的列表。通常以表格形式呈现。

(29)生产率 Productivity

衡量投入的资源与输出的产品或服务之间关系的指标,如每天翻译字数或每天执行的测试用例数。

5.服务要素

(1)服务级别协议 Service Level Agreement(SLA)

客户方和服务方约定本地化服务的质量标准及相关责任和义务的协议。

(2)工作说明书 Statement of Work(SOW)

在本地化项目开始之前,客户方编写并发送给服务方的工作任务描述文档。

(3)报价单 Quotation

服务方按照客户方询价要求,根据工作量评估结果向客户方提交的报价文件。其中通常包含详细的工作项、工作量、单价、必要的说明及汇总价格。

(4)采购订单 Purchase Order(PO)

在本地化项目开始之前,客户方根据报价单提供给服务方的服务采购书面证明,是客户方承诺向服务方支付服务费用的凭证。

(5)本地化包 Localization Kit

由客户方提供的,包含要对其实施本地化过程的源语言文件、使用的工具和指导文档等系列文件的集合。本地化项目开始前,客户方应将其提供给服务提供商。

(6)本地化风格指南 Localization Style Guide

一系列有关文档撰写、翻译和制作的书面标准,通常由客户方提供,其中规定了客户方特有的翻译要求和排版风格。本地化风格指南是服务方进行翻译、用户界面控件调整和文档排版等作业的依据。

(7)源文件 Source File

客户方提供的、用以执行本地化作业的原始文件。

(8)目标文件 Target File

翻译为目标语言并经工程处理后生成的、与源文件格式相同的结果文件。

(9)术语 Terminology

在软件本地化项目中,特定于某一领域产品、具有特殊含义的概念及称谓。

(10)词汇表 Glossary

包含源语言和目标语言的关键词及短语的翻译对照表。

(11)检查表 Checklist

待检查项的集合。根据检查表进行检查,可以确保工作过程和结果严格遵照了检查表中列出的要求。检查表需要签署,指明列出的检查项是否已完成及检查人。检查表可以由客户提供,也可以由本地化公司的项目组创建。

(12)字数 Wordcount

对源语言基本语言单位的计数。通常使用由客户方和服务方共同协定的特定工具进行统计。

（13）测试用例 Test Case

为产品测试而准备的测试方案或脚本，通常包含测试目的、前提条件、输入数据需求、特别关注点、测试步骤及预期结果等。

（14）测试脚本 Test Script

为产品测试准备的、用来测试产品功能是否正常的一个或一组指令。手动执行的测试脚本也称为测试用例；有些测试可以通过自动测试技术来编写和执行测试脚本。

（15）测试环境 Testing Environment

由指定的计算机硬件、操作系统、应用软件和被测软件共同构建的、供测试工程师执行测试的操作环境。

（16）缺陷库 Bug Database

供测试工程师报告缺陷用的数据库，通常在项目开始前客户方会指定使用何种缺陷库系统。

（17）缺陷报告 Bug Report

也称为缺陷记录，是记录测试过程中发现的缺陷的文档。缺陷报告通常包括错误描述、复现步骤、抓取的错误截图和注释等。

（18）项目总结报告 Post Project Report（PPR）

本地化项目完成后，由客户方和服务方的项目经理编写的关于项目执行情况、问题及建议的文档。

（19）发票 Invoice

服务方提供给客户方的收款书面证明，是客户方向服务方支付费用的凭证。

6. 服务种类

（1）本地化测试 Localization Testing

对产品的本地化版本进行的测试，其目的是测试特定目标区域设置的软件本地化的质量。本地化测试的环境通常是在本地化的操作系统上安装本地化的产品。根据具体的测试角度，本地化测试又细分为本地化功能测试、外观测试（或可视化测试）和语言测试。

（2）翻译服务 Translation Service

提供不同语言之间文字转换的服务。

（3）国际化工程 Internationalization Engineering

为实现本地化，解决源代码中存在的国际化问题的工程处理，主要体现在以下三个方面：

  ·数据处理，包括数据分析、存储、检索、显示、排序、搜索和转换；
  ·语言区域和文化，包括数字格式、日期和时间、日历、计量单位、货币、图形及音频；
  ·用户界面，包括硬编码、文本碎片、歧义、空间限制、字体、图层和大小信息。

（4）排版服务 Desktop Publishing（DTP）

根据客户方的特定要求，对文档及其中的图形和图像进行格式调整，并打印输出的服务。

（5）本地化软件构建 Localized Build

根据源语言软件创建本地化软件版本的工程服务。

（6）本地化功能测试 Localization Functionality Testing

对产品的本地化版本进行功能性测试,确保本地化后的产品符合当地标准或惯例,并保证各项原有功能无损坏或缺失。

（7）语言测试 Linguistic Testing

对产品的本地化版本进行测试,以确保语言质量符合相应语言要求的过程。

（8）界面测试 Cosmetic Testing／User Interface（UI）Testing

对产品的本地化版本的界面进行测试,以确保界面控件的位置、大小适当和美观的过程。

（9）机器翻译 Machine Translation（MT）

借助术语表、语法和句法分析等技术,由计算机自动实现源语言到目标语言的翻译的过程。

（10）机器翻译后期编辑 Machine Translation Post－Editing

对机器翻译的结果进行人工编辑,以期达到与人工翻译相同或近似的语言质量水平的过程。

（11）项目管理 Project Management

贯穿于整个本地化项目生命周期的活动;要求项目经理运用本地化知识、技能、工具和方法,进行资源规划和管理,并对预算、进度和质量进行监控,以确保项目能够按客户方与服务方约定的时间表和质量标准完成。

（12）联机帮助编译 Online Help Compilation

基于源语言的联机帮助文档编译环境,使用翻译后的文件生成目标语言的联机帮助文档的过程。

7.技术

（1）可扩展标记语言 Extensible Markup Language（XML）

XML 是一种简单的数据存储语言,它使用一系列简单的标记描述数据。XML 是 Internet 环境中跨平台的、依赖于内容的技术,是当前处理结构化文档信息的有力工具。

（2）翻译记忆交换标准 Translation Memory eXchange（TMX）

TMX 是中立的、开放的 XML 标准之一,它的目的是促进不同计算机辅助翻译（CAT）和本地化工具创建的翻译记忆库之间进行数据交换。遵从 TMX 标准,不同工具、不同本地化公司创建的翻译记忆库文件可以很方便地进行数据交换。

（3）断句规则交换标准 Segmentation Rule eXchange（SRX）

LISA 组织基于 XML 标准、针对各种本地化语言处理工具统一发布的一套断句规则,旨在使 TMX 文件在不同应用程序之间方便地进行处理和转换。通过该套标准,可使不同工具、不同本地化公司创建的翻译记忆库文件很方便地进行数据交换。

（4）XML 本地化文件格式交换标准 XML Localization Interchange File Format（XLIFF）

XLIFF 是一种格式规范,用于存储抽取的文本并且在本地化多个处理环节之间进行数据传递和交换。它的基本原理是从源文件中抽取与本地化相关的数据以供翻译,然后将翻译后的数据与源文件中不需要本地化的数据合并,最终生成与源文件相同格式的文件。这种特殊的格式使翻译人员能够将精力集中到所翻译的文本上,而不用担心文本的布局。

(5)术语库交换标准 Term Base eXchange(TBX)

TBX 是基于 ISO 术语数据表示的 XML 标准。一个 TBX 文件就是一个 XML 格式的文件。采用 TBX,用户可以很方便的在不同格式的术语库之间交换术语库数据。

(6)计算机辅助翻译 Computer Aided Translation (CAT)

为了提高翻译的效率和质量,应用计算机信息技术对需要翻译的文本进行内容处理的辅助翻译技术。

(7)翻译分段 Translation Segment

指语意相对明确完整的文字片段。翻译分段可以是一个单字、一个或多个句子,或者是整个段落。翻译分段技术可以将段落拆分成句子或短语片段。

(8)罚分 Penalty

计算源文件中的待翻译单元与翻译记忆库中翻译单元的源语言的匹配程度时使用的基准。除了根据文字内容的不同自动罚分外,用户还可以自定义某些条件的罚分,如格式、属性字段、占位符不同,使用了对齐、机器翻译技术或存在多个翻译等情况。

(9)对齐 Alignment

本地化翻译过程中,通过比较和关联源语言文档和目标语言文档创建预翻译数据库的过程。使用翻译记忆工具可以半自动化地完成此过程。

(10)翻译记忆库 Translation Memory (TM)

一种用来辅助人工翻译的、以翻译单元(源语言和目标语言对)形式存储翻译的数据库。在 TM 中,每个翻译单元按照源语言的文字分段及其对应的翻译语言成对存储。这些分段可以是文字区块、段落、单句。

(11)术语库 Term Base

存储术语翻译及相关信息的数据库。多个译员通过共享同一术语库,可以确保术语翻译的一致性。

(12)基于规则的机器翻译 Rule – based MT

指对语言语句的词法、语法、语义和句法进行分析、判断和取舍,然后重新进行排列组合,生成对等意义的目标语言文字的机器翻译方法。

(13)基于统计的机器翻译 Statistic – based MT

以大量的双语语料库为基础,对源语言和目标语言词汇的对应关系进行统计,然后根据统计规律输出译文的机器翻译方法。

(14)内容管理系统 Content Management System (CMS)

用于创建、编辑、管理、检索及发布各种数字媒体(如音频、视频)和电子文本的应用程序或工具。通常根据系统应用范围分为企业内容管理系统、网站内容管理系统、组织单元内容管理系统。

(15)伪本地化 Pseudo Localization

把需要本地化的字符串按一定规则转变为"伪字符串"并构建伪本地化版本的过程。在伪本地化的软件上进行测试,可以验证软件是否存在国际化问题,用户界面控件的位置和大小是否满足特定语言的要求。

（16）硬编码 Hard Code

一种软件代码实现方法，是指编程时，把输入或配置数据、数据格式、界面文字等直接内嵌在源代码中，而不是从外部数据源获取数据或根据输入生成数据或格式。

（17）缺陷 Bug

软件产品在功能、外观或语言描述中存在的质量问题。通常在质量保证测试期间由测试工程师将发现的缺陷上报，并分别由客户方、本地化工程人员或翻译人员解决。

（18）优先级 Priority

同时存在多种选择时应遵循的先后次序，如词汇优先级、本地化样式手册优先级、缺陷优先级等。例如，在软件本地化过程中，缺陷的优先级通常按如下规则确定：

·缺陷应立即修复，否则产品不能发布；

·缺陷不需要立即修复，但如果不修复，产品不能发布；

·缺陷不是必须修复，是否修复取决于资源、时间和风险状况。

（19）严重程度 Severity

指所发现的缺陷对相关产品造成影响的严重程度。严重程度较高的缺陷可能会影响产品的按时发布。软件缺陷的严重程度通常分为四级：

·关键（Critical）：导致系统或软件产品自身崩溃、死机、系统挂起或数据丢失，主要功能完全失效等；

·高（High）：主要功能部分失效、次要功能完全失效、数据不能保存等；

·中（Middle）：次要功能无法完全正常工作但不影响其他功能的使用；

·低（Low）：影响操作者的使用体验（如感觉不方便或不舒服），但不影响功能的操作和执行。

（20）重复 Repetition

在翻译字数统计中，重复是指源语言中出现两次及以上的相同文本。

（21）模糊匹配 Fuzzy Match

源文件中的待翻译单元与翻译记忆库中翻译单元的源语言局部相同。模糊匹配的程度通常用百分比表示，称为复用率。

（22）完全匹配 Full Match

源文件中的待翻译单元与翻译记忆库中翻译单元的源语言完全相同，其模糊匹配的程度（复用率）为100%。

（23）新字 New Word

模糊匹配程度（复用率）低于某一设定阈值的源语言单词或基本语言单位。

（24）加权字数 Weighted Word Count

根据待翻译单元的复用率，对其字数加权计算后得到的待翻译字数。

第6章 人工智能翻译

6.1 人工智能翻译概论

人工智能翻译(Artificial Intelligent Translation 简称为 AI – TRANS),人工智能翻译分为理论和技术两个方面。人工智能翻译理论是研究人脑进行语言学习和语言翻译(转换)的科学。人工智能翻译技术是根据人工智能翻译理论用计算机技术来实现计算机智能翻译的技术(方法和手段)。

人工智能翻译理论是在自然语言理解(NLU)、自然语言处理(NLP)、机器翻译(MT)、翻译记忆(TM)和基于统计学的机器翻译(SMT)等理论和技术基础上,为突破计算机翻译技术瓶颈、实现高质量机器翻译而提出的新思维、新理论,是一门新的学科。人工智能翻译的理论基础是计算机人工智能理论、语言学理论和计算机翻译理论。它是计算机人工智能理论在自然语言理解和自然语言处理方向的深入发展,或者说是将计算机人工智能理论运用到自然语言理解和自然语言处理领域。人工智能翻译理论的重点是解释人脑的外语学习、翻译知识记忆等机理。研究科学的、类似人脑的、适合于计算机的翻译知识表征方法和存储模式。

人工智能翻译学科的另一个任务是指导计算机翻译技术如何实现智能化,即为计算机智能翻译技术提出可行的发展方向、理论基础及实现思路。人工智能翻译理论将领引计算机翻译技术向着更新、更高方向发展。总的来说,人工智能翻译学科包括人工智能翻译理论、人工智能翻译技术、智能知识库、基于智能知识库的计算机智能翻译技术、多策略智能翻译技术、在线多策略智能翻译技术等内容。

人工智能翻译技术将人工智能原理应用于计算机翻译领域。一方面,它探索和研究人脑外语学习记忆和外语翻译知识记忆的机理和模式,包括词、句子、句式、句型、语法规则等,并用计算机模仿上述学习和记忆内容和过程;另一方面,它研究人脑怎样利用所学和所记忆的翻译知识来处理新的翻译任务,例如人脑的分析、判断、类比、推理、推测等智力翻译活动,并用计算机模仿上述人脑智力翻译活动,来处理新的翻译任务。

人工智能(机器智能)概念产生于在 20 世纪中期,在 20 世纪中期和末期有过两次热潮。近几年人工智能概念的再度兴起属于人工智能的第三次热潮。

人工智能的目标是让计算机具备类似于人类的逻辑、推理等思维能力。是一个多学科融合的高技术领域。由于算法的改进、算力的提高,人工智能第三次热潮取得了比前两次热潮更多的成果。

人工智能的研究机构:大学、研究所是主要的研究机构,欧、美、亚洲等科学技术储备较好的国家依托大学、研究所形成了数量众多的人工智能研究团体。中国一些有条件的大学新增了人工智能课程,中国在人工智能人才数量及技术储备上较薄弱,但国家重视程度提升,正在快速追赶。

科技型企业:科技型企业在人工智能的研究、运用方面占据重要地位,如谷歌、微软、腾讯、百度、阿里巴巴,已经进入日常消费领域的应用有常见的人脸识别,语音识别等。截至目前,中国初创的人工智能企业约 600~700 家,仅次于美国。

大多数人工智能研究方向集中于数据和算法。技术和资金实力较强的企业/机构则兼顾研发人工智能专用芯片。目前大多人工智能技术处于技术积累期,以及产业布局阶段,距离回报期还有距离,需要持续的人力物力投入。

人工智能行业内部存在诸多需要解决的问题:相关标准缺失,技术流派不同,资源缺乏整合,开发框架混乱。截止到目前并未出现占据压倒性优势的技术流派和企业,处于“军阀混战”阶段。

6.2　为什么要用人工智能翻译技术

众所周知,传统的机器翻译在 20 世纪 80 至 90 年代已经遇到发展瓶颈,依照以往的思维和方式,翻译质量很难有所进步。传统的机器翻译质量如图 6 - 1 所示,MT 翻译质量的句子正确率很低,低于 50%;TM 和 STM 技术的翻译质量取决于所积累语料的多少,需要很多年的积累才能赶上 MT 的正确率。它们离 100% 的翻译正确率还差得很远。

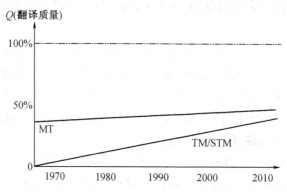

图 6 - 1　传统翻译技术翻译质量

要解决计算机高质量翻译的问题,必须从根本上来解决。其基本思路就是:人为什么能 100% 的正确翻译,而计算机就不能? 原因就是计算机没有人那样的高智力。而人工智能翻译技术就是要解决计算机的高智力翻译的能力。

从 1956 年正式提出人工智能学科起,经过多年发展人工智能学科取得了很多成就。并且人工智能与生物工程、空间技术一起,已成为当今世界的三大尖端技术。人工智能技术中最活跃的三个领域是专家系统、模式识别和智能机器人。人工智能的研究状况比该学科刚兴起时一些专家的设想更艰难更复杂,理解人类认知与智能的机制仍是人类面临的最困难和最复杂的课题之一。但是,人工智能正向各领域渗透,将给这些领域带来革命性的变化。因此,任何困难都阻挡不了人工智能学科的发展。随着以计算机技术为核心的现代信息技术的发展,人工智能学科又出现了新的生机,特别是在自然语言理解和自然语言处理领域。

6.3 人工智能翻译技术的特点和难点

人工智能翻译技术是一种全新的技术,它主要的难点和特点在于自动推理、机器学习、自然语言理解。

1. 自动推理

自动推理是人工智能最经典的研究分支,一直以来自动推理都是人工智能研究的最热门内容之一,其中知识系统的动态演化特征及可行性推理的研究是最新的热点,自动推理技术的发展将大大提高机器自动翻译的质量。

2. 机器学习

为了使计算机更智能化,必须让它接受足够的知识。可是传统的人工输入方法远远不能满足计算机的要求,因此我们必须让计算机能像人一样具有自动获取知识的能力。而在人工智能翻译技术方面,这就需要让机器学习单词、句子(包括句式、句对、句型)等知识。

3. 自然语言理解

如果能让计算机"听懂""看懂"人类的语言,那就可以大大提高计算机的利用率,即使没有经过训练的人也可以控制计算机,这是人工智能一个重要的研究方向。这就需要人工智能翻译结合语音系统,以及其他系统的辅助,把语言指令转化为统一的机器指令。

6.4 人工智能翻译技术的优势和前景

人工智能翻译技术,基于智能知识库,综合了先进的机器翻译技术、人机交互式翻译技术和翻译存储技术。它具有如下几个特点和优势:

1. 技术先进,应用领域广泛;
2. 它不受语种的限制,可广泛应用于各个语种之间的翻译;
3. 智能知识库与翻译软件相对独立,又有机联系;
4. 智能知识库的积累可由用户完成,并可实现共建共享;

人工智能翻译技术可真正做到让计算机模拟人脑的翻译思维,并且在翻译的同时自动智能化地存储人的高智力翻译成果。而且系统还学习和记忆了相关的句型或翻译模式,因此,翻译质量可以迅速提高。人工智能翻译技术有可能彻底改变传统的计算机翻译技术,将领引计算机翻译技术从人 – 机 – 人模式进入到机 – 人 – 机模式并最终进入全自动高质量翻译阶段,从而实现人类跨世纪的梦想。人工智能翻译技术突破了计算机翻译技术的瓶颈,开启了高质量计算机自动翻译的广阔前景,翻开了计算机翻译历史新的一页。

简单地说,即利用人工智能翻译技术(产品),人做的工作越来越少,而计算机做的工作越来越多,最终,世界上各种语言之间的转换(翻译)工作就变成计算机的表演了。人们只要按下启动键就可以一边喝着咖啡一边欣赏计算机的翻译杰作了。

6.5　爱译(AI – TRANS)人工智能翻译技术简介

爱译科技在多年的翻译技术研究工作中,于2000年提出多引擎混合翻译策略的计算机翻译理论,并在两年多的时间内实现了综合型(MT + TM + IT)计算机翻译系统,此后它又敏锐地觉察到人工智能的发展将对翻译技术产生深远的影响,并提出计算机翻译技术必须走人工智能之路,并于2003年率先提出人工智能翻译概念,此后,爱译科技团队专心钻研人工智能翻译技术。

2004年,完成智能知识库的设计,和基于智能知识库的计算机智能翻译实验系统。

2008年,基于智能知识库的计算机智能翻译系统,进入实用阶段。

2009年,超级智能标识翻译技术(TM + + Professional)用于专业翻译系统。

2010年,完成在线智能翻译实验系统。

爱译(AI – TRANS)科技的翻译质量可很快接近人的翻译质量,即接近100%的翻译正确率。爱译科技的翻译质量远比TM/STM翻译质量高,并成指数级别增长,可以很快超过MT,并可在短短几年时间内达到人的翻译质量。

经中国国家信息中心软件评测中心对爱译科技智能翻译系统的各项功能(人机交互翻译、智能化自学习功能、超级智能处理功能、超级智能显示/标识功能、智能知识库模块等)逐项进行详细具体的测试,测试结果表明各项功能均实现了预期结果,测试通过。最终专家的整体评价为:"爱译科技开发的智能翻译系统是我国具有自主知识产权的国际首创的人工智能翻译产品、在计算机翻译同类产品和系统中处于国际领先地位,具有广阔的市场前景"。

1. 智能化知识库

经过多年的潜心研究、在大量基础性的语素收集及大量专业资料的实际翻译工作等基础上,爱译科技(AI – TRANS)的研究团队逐渐形成了一套科学的语言翻译知识表征理论,并且在研究人脑的知识存储结构和智能翻译思维的成果上,根据神经网络原理设计了一种高度智能化的翻译知识库体系结构——智能翻译知识库,简称智能知识库。该部分包括智能知识库介绍,智能知识库的作用,智能知识库的价值,智能知识库共享共建机制。

2. TM + + 智能技术

TM + + 起源于TM(Translation Memory)翻译记忆技术,但它又超越了传统的TM技术。它综合了基于翻译模板的MT翻译技术和基于实例的统计翻译技术;它采用人工智能的原理,为高质量计算机翻译提供了一种有效解决方案。

TM + + 是一种超级人工智能交互式翻译存储技术。利用TM + + 功能模块,可在最短时间内查找智能化知识库,对要翻译的句子进行快速分析对比,保证相同和相近的句子永远不需要翻译第二遍。而且,通过TM + + 功能模块,系统还可依据智能化的知识库对要翻译的句子进行模糊匹配、推理和推测等,从而给出完整准确的译文。

大家知道,采用 TM(翻译记忆)技术,可以做到"相同的句子永远不需要翻译第二遍"。而采用 TM＋＋技术,不仅可以做到"相同的句子永远不需要翻译第二遍",还可以做到"相似的句子不再需要翻译第二遍",即能做到"举一反三"。

TM＋＋技术是基于智能知识库体系基础上,模拟人脑翻译思维对源语言文本进行翻译处理以形成高质量目标语言文本的计算机人工智能翻译技术。TM＋＋是基于智能知识库的智能翻译技术,Bodiansoft 用户在使用其交互翻译的同时,系统会自动学习并在智能知识库保存智能化的句式,以便今后准确翻译类似的句子。TM＋＋超级智能翻译记忆技术的实现,为用户减少了很多的重复性工作,特别是在那些重复率高的特定行业的用户,使用 TM＋＋技术,将节省近三分之一的翻译时间。

TM＋＋智能翻译技术分为三个部分:TM＋＋智能化学习、TM＋＋智能化翻译处理和 TM＋＋智能化翻译标识。

6.6　人工智能浪潮袭来,行业巨头纷纷布局 AI 翻译机

2017 年,国家出台扶持人工智能的规划之后,人工智能概念指数在随后的不到两个月内涨幅达 23％, 但 2017 年中报显示,大多数上市公司在人工智能领域布局尚在探索阶段,对业绩的贡献比重较小。今日头条是世界上最大的 AI 初创企业,该公司成立于 2012 年,到目前为止已经从红杉资本等公司筹集到了 31 亿美元,是目前世界上最大的人工智能初创公司,也是估值最高的企业(大约 200 亿美元)。目前人工智能市场规模接近 1 000 亿元人民币。

伴随着这一波人工智能技术浪潮,B 端市场纷纷迎来破局,比如 AI＋安防、交通、金融、医疗、教育等,但 C 端市场还未完全打开。此前亚马逊 Echo 销量一路突破千万引发了一波智能音箱热潮,但其他硬件方面,几乎未看到 AI 在 C 端市场的爆品出现。

2018 年以来,科大讯飞、小米、猎豹、网易、搜狗等巨头公司陆续发布 AI 翻译机,而且从四月到九月的半年时间内就有六款新品问世。主流 AI 翻译机盘点见表 6－1。AI 翻译机集中爆发的背后,有着怎样的行业动向和商业逻辑呢?

表 6－1　主流 AI 翻译机盘点

序号	名称	天猫价格/元	发布时间
1	科大讯飞晓译 2.0	2999	2018 年 4 月
2	小米魔芋 AI 翻译机	299	2018 年 5 月
3	猎豹移动小豹 AI 翻译棒	249	2018 年 7 月
4	清华准儿翻译机 Pro	2999	2018 年 7 月
5	网易有道翻译王 2.0 Pro	1688	2018 年 9 月
6	搜狗翻译宝 Pro	2499	2018 年 9 月

行业巨头为何纷纷布局 AI 翻译机？

目前来看，虽然翻译机不像手机具有那样大的规模和市场，但对于很多中老年人，涉外商务人士，以及去海外尤其是小语种国家旅游的人来说基本已是刚需。

近年来，出国旅游热度升温。据中国旅游研究院发布的《2017 全球自由行报告》显示，2017 年中国国内居民出境旅游人次达 1.3 亿，其中自由行旅客占 53%。然而出境游旅客主要面临三大难题：语言不通、上网不便、景点不了解。花长时间做攻略、请地接导游，往往都解决不了问题，而人工智能翻译机的出现，为解决这个难题带来了转机。搜狗翻译产品相关负责人表示，应该从两个方面看 AI 翻译机带来的行业影响。一个是从技术演进方面看，现在大家提到的 AI 翻译技术，很多都是围绕语言而展开的，它可分成两个层面，一个是"感知层面"，就是大家熟知的语音识别、语音合成、图像识别等，这块技术现在行业里比较成熟了；另一个更具挑战的层面是"认知层面"，其中有三个方向，即问答、对话、翻译。其中问答和对话目前在 AI 翻译行业离技术实用化还有比较远的距离，而翻译是相对来讲最容易做到的，目前技术已经到了可以实用化的程度，可以通过机器翻译帮到人们做一些事情了。

另一个方面，如果能够解决人们跨语言沟通鸿沟的话，对人们在生产合作中的经济和文化价值也是巨大的。我们知道圣经里有巴别塔的故事，因为人们说不同的语言而导致彼此无法沟通，从而无法修建通天高塔。人类不同的语言，使得不同族群之间无法沟通、无法协作、无法理解彼此的文化，也由此产生了很多误解和纷争。如果真的能够通过机器翻译技术帮助人们跨越跨语言沟通的鸿沟，那对人类社会来说不亚于再一次工业革命的意义。

可能很多人有疑惑，谷歌翻译、网易有道、百度翻译等翻译软件早就有语音翻译功能，为何要单独买一个翻译机呢？笔者分析原因有三：

其一是听力获取不准确。很多翻译软件可以语音输入，但绝大部分听力获取准确率都不太高，经常出错或者听力获取不准确。信息输入无法做到准确，那翻译也就无从谈起。

其二是翻译错误率高。谷歌翻译、有道翻译、百度翻译等翻译软件翻译单词和短语和简单句子没问题，但是针对对话翻译效果远不能达到令人满意的程度。现实对话中经常是自己以为说的很明白，对方却一脸茫然。

第三是词汇量不够，并且应对很不灵活。由于词汇量的原因，经常导致翻译软件中有些口语和书面语翻译错误。

"人工智能的发展是长期的过程，每隔一段时间可能就会冒出一个泡，一个新的技术突破或者行业应用产品"，小米人工智能与云平台副总裁崔宝秋在 2017 年接受采访时说。翻译机可能是继智能音箱之后的又一款爆炸性产品，市场需求经过验证、可行，而且市场前景非常可观。

搜狗翻译产品相关负责人表示，未来翻译类产品会从两方面继续向前演进，一个方面是在离线计算方面进一步演进，包括离线的语音和图像识别、翻译、合成，这方面可能会随着手机本身的计算能力增强，而逐步迁移到手机上实现；另一个方面是在交互方式上，会向着更自然交互方向演进，可能在产品形态上不仅仅是现在看到的翻译机形态，会有不同形态的产品出来。

马云曾经表示，未来 30 年，数据将成为生产资料，计算会是生产力。智能翻译机不仅仅是一款硬件产品，也不仅仅是用户入口，更是获取高质量数据的重要渠道，因为其用户大部分是中高端用户,数据十分有价值,所以 AI 翻译机背后也有非常大的想象空间。

上文提到的六款产品基本涵盖国内主流 AI 翻译机,总体来看分为两个梯队(从价格上也反应出差别):科大讯飞、清华准儿、搜狗和网易走的是高端路线,支持拍照翻译(即 OCR)和离线翻译等诸多功能,属于第一梯队;小米和猎豹走的是低端路线,功能较少,价格较低,属于第二梯队。

其实,智能翻译机的性能主要比拼几个方面:翻译准确率、支持语言种类、是否支持离线翻译、能否拍照翻译、外观颜值及是否支持国外上网。

翻译准确率没在表格体现,因为没有拿到全部产品做评测。但此前极果网对清华准儿和科大讯飞翻译机进行了海量数据的专业评测,结果显示二者在中英互译上都表现优异,中译英的准确率均高达 97% 以上。

其他产品均不差,搜狗本身做翻译很多年,网易基于有道翻译,科大讯飞和清华准儿的技术世界一流,小米和猎豹用的微软语音技术,准确度自然也不会差。

从支持语言种类来看,第一梯队公司支持三四十种语言翻译,应该能够满足现有用户需求。第二梯队的小米支持 14 种语言也够满足大部分用户需求,猎豹产品只支持 4 种语言互译,显得有些单薄。

在拍照和离线翻译方面,两极分化明显——第一梯队全都支持两种功能,第二梯队全都不支持这两种功能,可谓一分钱一分货。

6.7　人工智能翻译机是否能取代真人翻译

关于人工智能究竟能否取代人、哪些岗位能被取代、何时能取代人类的世界级话题一直在业界争论不休。尤其是针对翻译行业,在很多人看来都是首当其冲被取代的。

毕竟我们已经掌握了海量的翻译数据、足够好的算法和神经网络,且已经有多个翻译产品问世,在多个场合也能看到 AI 翻译系统的亮相,有种人工智能翻译机即将取代人类翻译的感觉。

但是真实情况却并非如此。正如此前曾报道过的搜狗同传将外国专家的演讲翻译的一塌糊涂,腾讯 AI 同传在博鳌亚洲论坛出现大失误成为笑话,等等。

我们似乎能够从 2018 年 4 月 20 日的科大讯飞翻译战略暨新品上市发布会上得到答案。科大讯飞执行总裁说:"我们一点都不用担心人类翻译会丢掉饭碗,将来的翻译一定是人和机器之间一个良性的耦合互动。"

而上海外国语学院高翻学院的副院长吴刚博士现场表示:"机器能够取代翻译当中技能比较单一,运用到人的智慧相对来说比较少的部分,从而让人可以腾出更大的、更多的精力来去从事更有创造力的活动。"

以上两种答案一个来自产业界,一个来自学术界,均代表了各自领域最高的声音,也基本上高度概括地回答了机器能否取代人类翻译的问题。

在回答完这个困扰翻译工作者多时的难题的同时,我们也有必要看一下当下的机器翻译发展到了什么水平,以讯飞翻译机 2.0 为例。

科大讯飞此次提出了 A. I. 旗舰翻译"听得清、听得懂、译得准、发音美"四大标准,致力于全面解决跨国商旅沟通难题,促进人类语言互通。

1. 讯飞翻译机 2.0 真的能做到吗?

我们了解到基于用户场景的深入研究,讯飞翻译机 2.0 新品做了语种数量、口音翻译、拍照翻译三大重要升级,并进一步升级了交互和应用体验。新品讯飞翻译机 2.0 的语种增至 33 种,全面覆盖主流出境目的地及热门小语种出游地。

讯飞翻译机新品率先推出了方言翻译功能,目前已经支持东北话、河南话、四川话、粤语四大方言翻译,并会在后期不断新增。

早在 2010 年讯飞就将深度神经网络应用于语音合成上,并创新性地在先期统计模式识别的语音翻译中用上了基于深度神经网络的语言模型,全面提升了翻译准确率。举例来说,"501"这个数字在文本"我今天花了 501 元"和"我住在 501 号房间"中所代表的意义不同,翻译结果也不同。在发布会现场的实际测试当中,我们看到讯飞翻译机能够根据语音识别和理解真正懂得用户的表达,而不只是针对"字面意思"进行理解和翻译,促使了翻译准确率大幅提升。

作为出国旅游场景下最适用的产品,讯飞翻译机支持 4G、WIFI 连接,同时能够在无信号环境下自动切换中英离线翻译,并计划陆续推出新语种离线翻译,保证用户在机舱点餐、户外旅行、室外商务会谈等多种信号复杂的环境下,依然可以翻译无忧。

作为人工智能概念股代表的科大讯飞,以语音起家,并在人工智能翻译领域也有着天然优势。在科大讯飞翻译战略暨新品上市发布会现场,讯飞执行总裁胡郁表示"翻译对于科大讯飞不仅仅是一个产品,也不仅仅是一项技术,对于讯飞它是一项事业"。

中国最近这几年提出了"一带一路"战略,应该是中国向世界更好地建立联系,输出我们的知识产品,建立各国之间的连接的一个非常重要战略。而讯飞也恰逢其时地提出了"人类语言大互通计划",有力地支撑着人类命运共同体这个超级话题。

2. 未来 AI 将在智力方面反超人类而止于智慧

2018 年博鳌论坛期间,"腾讯携 AI 杀入同传翻译遭遇车祸"这戏剧性的一幕引发翻译行业一片沸腾。在这个科技指数蹿升的时代里,译者是为数不多的文化再生产群体,而 AI 却仿佛"定时炸弹"似的掌控着他们中大多数的神经反应机制。译者们似乎被裹挟着,"AI 威胁"和"质疑 AI"的商业噱头炙烤着人们"原创价值"的灵魂。

翻译界老将、传神语联董事长何恩培表示,翻译界正发生变革,万亿翻译市场正在因为"人机大战"而觉醒,"腾讯们"的现象是 AI 和翻译融合前进的必经之路,是变革成长过程中不可避免的。何恩培同时提醒,由于人工智能目前尚未成熟,跟人类智慧产物——语言的结合只是一个过程,而且并不能完全替代人类翻译。

当被问及译者恐慌的原因,何恩培表示,恐慌是因为反差导致。过去人类译者对机器翻译存在偏见和不屑,而这一代基于深度学习的机器翻译能力明显提升,提升程度超过人们的认知,使得人类译者恐慌,而被裹挟前进。同时,在期望与落差间,译者价值被遮盖形成"裹挟怪圈"。

何恩培认为,翻译是人类真正的智慧高地,语言文字因人的存在而存在。语言文字是人类智慧的表达,从长远看,AI 应该能够超越人类的智力,但人的智慧却是难以逾越的。

同时,语言具备民族性、不可论证性和不可推导性,几乎不能像 ALPHA(阿尔法)那样在自我生成棋局、自我对局训练中提升。目前很多应用机器学习的能力都是有限的,因此初级翻译将可能被 AI 替代,而高端翻译依旧属于人类译者领地。所以,译者应该拥抱科技、适应商业环境变化,清楚翻译行业格局、胸襟宽广,做文化自信的引领者。

3. 不应恐慌,应有所期盼

现阶段这种明显的过度炒作是不正常的,这种"噱头"是对人类文明的不自信的表现,对人类文化、文明进步并没有好处。过度依赖人工智能,是极具破坏性的文明自毁行为。恐慌是因为反差导致。过去人类译者对机器翻译存在偏见和不屑,而这一代基于深度学习的机器翻译能力明显提升,提升程度超过人们的认知,使得人类译者恐慌,而被裹挟前进。同时,在期望与落差间,译者价值被遮盖形成"裹挟怪圈"。但人类在围棋领域之所以可以被 AI 迅速超越,是因为围棋本身是有固定的规则,有确定的输赢结果,所以 AI 可以自我对局不分昼夜地训练。但语言不同,语言具有种族性、不可论证性和不可推导性,几乎不能像ALPHA 那样在自我生成棋局、自我对局训练中提升。我看到有些报道在探索翻译的"自我对局训练",个人观点认为,那最多是产生一种"机器方言",如同一个封闭部落自我使用的方言,不可能达到符合现代社会人类需要的翻译水平。

截止今天的人工智能还是咖啡中的勺子,浸泡在咖啡里搅拌咖啡,但并不知道咖啡是什么味道,只有人才知道咖啡的味道。机器翻译更多是基于算法、运算能力,利用语料数据训练的结果,难以达到人类的智慧。

翻译是人类智慧的高地。语言文字是人脑"全息信息"的"一维表达",对于语言的理解,是基于共同文化经历体验和共识的,不是单靠文字就可以理解的,两种文字映射的是这两种文字背后的全息信息。所以,依靠大量一维语言文字的数据训练出来的翻译机器,基本只能机械地"映射",难以实现"全息信息"的转换。人类译者的不可替代性,在于人类有着共同的"全息信息"的理解分享能力。因此语言文字和翻译都将因人的存在而存在,是人类智慧的表达,从长远看来,能够超越人类的智力但难以逾越人的智慧。

4. 依层分工协作,两大语言特性决定译者不可替代

何恩培认为,语言被分为四个层次:①信号层;②简单信息层;③语言感知、感受、交流;④文化、专业。前两层是初级翻译,属于智力范畴,以 AI 翻译为主基本上没问题。当下,计算、数据统计等能力已经可以实现弱人工智能。而后两层是高端翻译,属于智慧范畴,今天的人工智能并不能顿悟,人的智慧很多时候是顿悟的,所以主力还是人类译者。

总的来说,经过几千年的发展,语言具有两大特性,这两大特性说明语言是智慧的产物,是 AI 不可超越的。

首先,在语言学上,语言具有种族性,语言是在不同文化背景下诞生的,是不同民族对待事情的方法。例如:(sofa—沙发)沙发为什么这样翻译呢? 为什么不翻译成带皮的椅子? 因为中华民族的字典里就没有对应的词,沙发是欧洲人对待站、卧、起、坐这些事情的处理方法,具有明显的种族独特性。语言的种族性是由文化背景支撑的,而文化是一种全息的东西,每一个文字可能都意味和承载着不同的场景画面,单一的机器纯靠文字不能准确表达多方面的内在意义。译者往往必须多方面考虑再做翻译(演讲人的情绪、表情、语气、PPT、演讲事件涉及场景、观众的文化背景等),这是在全息性的前提下,瞬间合成一个场景,

再用一种语言表达出来。而机器翻译输入的只是干巴巴的单一信息,输出的结果自然不会很准确。

其次,语言是一群人的共识,简单讲就是某事物大家都这样描述,因此也就这样表达了。比如"我去两天"并不是真的两天,可能是一个约数,这是人的共识,但机器只能翻译成两天。共识随着时间变化而偶然发生,机器短时间内不可能更精准表达出来。因为具有共识性所以语言具有不可论证性,比如"我差点没摔死",逻辑上讲是死了,而实际上没有死。因为这是一种习惯性表达,不可论证。

5. 从"搬砖"到"用起重机搬砖"译者定位在提升

何恩培同时提出:事实上人类力量所能翻译的,是人类文明中微不足道的一小部分,还有大量东西需要翻译,而人类译者不可能有精力翻译出来,所以我们应该庆幸随着需求的爆发人工智能出现了。

我们应该思考一下为什么译者的收入不能水涨船高?为什么人们遇到看不懂的东西不马上交给译者或者翻译公司翻译?为什么译者会觉得翻译枯燥?其实是因为一种语言不翻译成母语,用户看不懂,但需要翻译的信息中50% ~70%属于简单信息,甚至是对用户意义不大的信息。也就是说,简单信息对于译者翻译来讲如同搬砖,没有价值感。对于客户来讲翻译是为了了解和理解,核心部分没有那么多,但不翻译又看不懂,所以用户会感到投入产出不合算。所以机器翻译的进步,不但可以帮助用户节约成本,而且可以让译者做有价值的翻译而感受乐趣。

所以,译者应该从"搬砖"的定位提升到"用起重机搬砖"的定位。这就是传神公司提出的"人机共译"。人类译者可以将机器译者作为自己的团队成员之一,自己做 team leader,承担体现人类智慧的、机器成员做不了的翻译,以及使用人工智能翻译过程的管理者。也就是说人工智能在翻译领域的价值绝不仅仅是翻译这一个动作,完全可以作用于翻译整个流程。

有数据表明,新中国成立以来引进的图书大概 17 万种,而全世界畅销的英文图书大概324 万种,大约 95% 的图书没有进入中国市场。不是中国读者不需要,而是很多外文书看不懂看不到。由此可见,海量的信息是可见的事实,这直接导致翻译需求更加多样化和复杂,翻译效率和质量需要同步提升。因此,翻译行业更应合理运用 AI 翻译技术,快速完成低端翻译任务,解放翻译生产力,把更多的译者放在高级翻译领域中,创造更大价值。

6. 合理运用 AI 做人类文明的"传神者"

何恩培呼吁业界:"人工智能是相互协作关系而不是对立关系,机器翻译替代简单劳动,智慧劳动人来做。译者有其特殊性,重视译者真正价值。"译者是一个伟大的人群,用周总理的话说'译者是人类文明传播的使者',但他们并没有得到应有的回报。不仅存在"搬砖"的纠结,还有翻译酬劳按照字数计算的不科学性,比如,译者为了将一句话、甚至一个词语翻译准确,可能需要花费很长时间查阅资料,但客户只按翻译字数支付酬劳,这显然不公平。最重要的是,译者的这种劳动价值难以被全球遇到同样情形的译者复用,所以价值又得不到体现。而全球可能无数人还在重复这样的工作,资源浪费巨大。

"AI 威胁"论虽然唤醒人类重视人工智能翻译,但也给翻译行业造成困扰,使得学翻译的人为自己前途担忧,这必将导致翻译人才缺失,而翻译其实不可能被人工智能完全替代,这就会为人类文明传播速度和效果带来不利影响。

所以翻译行业应该为人工智能和其他技术进步的到来感到庆幸,译者的生存状况将在这个时代发生改变。这也是传神公司正在做的事:希望所有的译者都能够享受技术进步带来的价值,做一个快乐的"传神者"。

从何恩培的看法中,我们不难感受到,未来译者所必备的两大技能。第一,不仅需要懂翻译,还要懂得利用工具和新技术完成翻译,所以译者要适应新技术时代,拥抱变化提升自己,从单纯操作语言文字,到利用新技术来操作语言文字。第二,不仅要精通语言本身,更有价值的是深刻理解语言承载的文化,深度掌握语言涉及的行业领域知识,要让自己成为有专业的译者、跨文化的译者、能够基于场景的译者。简而言之,要想成为一个出色的译者,深厚的功底、敏锐的思维、宽广的胸襟与深度技能开发皆不可少。

第7章 机器翻译的瓶颈及翻译技术的发展前景

7.1 机器翻译之瓶颈及目前的研发趋势

7.1.1 简介

所谓的机器翻译(Machine Translation),指的是利用计算机,将以一种源语言(Source Language)书写的文件,转换为另外一种目标语(Target Language)的过程。自20世纪40年代后期开始,机器翻译一直是人工智慧领域的重要研发项目。这主要是因为语言向来被认为是人与动物重要的差异所在,因此能否以计算机进行翻译等复杂的语言处理,一直是人工智慧学科中相当引人深思的课题。而且翻译本身即为具有潜质的商业内存块,国际交流的兴盛,更扩大了对翻译的需求。如果能在质量方面有所突破,在专业领域的翻译上取代人工译者,可以预见会有相当大的市场。除此之外,机器翻译牵涉到自然语言(Natural Language,如中文、英文等,用以区别人造的程序语言)的分析、转换与生成,差不多已涵盖了自然语言处理的所有技术,且测试方式较为明确具体,可以作为自然语言处理技术研究的研发平台。因此,机器翻译多年来一直吸引着工业界投入相关之研发工作。

但是,机器翻译若要在翻译市场占有一席之地,就必须面对人工译者的竞争。由于机器翻译的成品需以人工润饰和审核,这部分的人力成本将会占实际运作成本的大部分。也就是译后人工润饰和人工直接翻译相比,能够节省的时间必须多到某种程度,机器翻译才能达到实用化的阶段。如果计算机的翻译成品中仍有相当程度之误译,负责润饰的人员就必须花费大量的时间,先阅读原文了解文意,再对照机器翻译稿,分辨正确和错误的翻译,而后才能开始进行校正工作,因而大幅增加机器翻译的成本。所以一个正确率为70%的翻译系统,其价值可能不及一个正确率90%翻译系统的一半。这就好比在采矿时,决定矿脉是否值得开采,不只是看矿物本身的价值,还要考察探矿和采矿的成本是否过高。因此在理想情况下,应让译后润饰者尽量无须参照原文,即可了解文意,仅须对机译稿件做词、句上的修饰即可,就像是老师在改作文一样。

由于有人工翻译这项竞争方案,因此机器翻译若要在市场上占有一席之地,其翻译质量必须超过一个相当高的临界点,精确度也会面临严格考验。然而因为下文中提到的种种因素,要产生高品质的翻译并不是件容易的事,连带使得机器翻译的研发和实用化遇到障碍。

7.1.2 基本流程

机器翻译系统虽然可概括分为直接式(Direct)、转换式(Transfer)及中介语(Interlingua)

三类,但考察实际操作的困难度,目前大部分的机器翻译系统,都是采用转换式的做法。转换式机器翻译的过程,如图 7 - 1 所示,可以大致分为三个部分:分析、转换和生成。

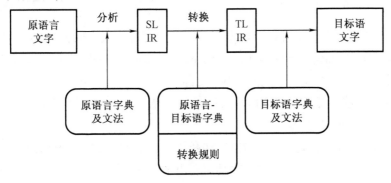

图 7 - 1　转换式机器翻译流程

以"Miss Smith put two books on this dining table."这句话的英译中为例,首先我们会对这句话进行构词(Morphological)和语法的分析,得到如图 7 - 2 所示的英语语法树。到了转换阶段,除了进行两种语言间词汇的转换(如"put"被转换成"放"),还会进行语法的转换,因此源语言的语法树就会被转换为目标语的语法树,如图 7 - 3 所示。

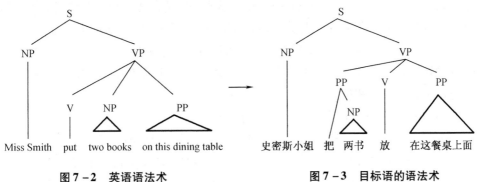

图 7 - 2　英语语法术　　　　　　图 7 - 3　目标语的语法术

语法树的结构经过更动后,已经排列出正确的中文语序。但是直接把整棵树的各节点排列起来,便成为"史密斯小姐把两书放在这餐桌上面"。这其实并不是合乎中文文法的句子。因此在生成阶段,我们还要再加上中文独有的其他元素(例如量词"本"和"张"),来修饰这个句子。这样我们就可以得到正确的中文翻译:"史密斯小姐把这两本书放在这张餐桌上面"。为了清楚示意,以上流程仅为经过高度简化的程序。在实际的运作中,往往需要经过多层的处理。

7.1.3　问题

自然语言处理最大的难处,在于自然语言本身相当复杂,会不停变迁,常有新词及新的用法加入,而且例外繁多。因此机器翻译遇到的主要问题,可以归纳为两大项:(1)文句中歧义(Ambiguity);(2)语法不合设定(Ill - formedness)现象。自然语言的语法和语意中,不时会出现歧义和不明确之处,需依靠其他的信息加以判断。这些所谓的"其他信息",有些来自上下文(包括同一个句子或前后的句子),也有些是来自阅读文字的人之间共有的背景知识。以下将分别说明这两项问题。

1. 歧义

所谓歧义,就是一个句子可以有许多不同的可能解释。很多时候我们对歧义的出现浑然不觉。例如"The farmer's wife sold the cow because she needed money."这个句子,一般人都可以正确指出此处的"she"代表的是"wife",但是在句法上,"she"指的也可能是"cow"。虽然人类依照常识能判断出正确的句意,但是对于依照文法规则来理解句子的计算机来说,这是一个含有歧义的句子。

在分析句子时,几乎在每一个层次上(如断词、句法分析、语意分析等),都有可能出现歧义。单字的解释往往会因前后的文字而异。此外,判断句子真义时需要的线索,也可能来自不同的范围。下面这三个句子在单字的字义判断上虽有歧义,但仅依靠句子的其他部分,即可得到进行判断所需的充分信息:

· Please turn on the light.

· Please turn the light on.

· Please turn the light on the table to the right direction.

第一句和第二句很明显,句中的动词就是可分动词片语 turn on,因此我们可以轻易判断出第二句句末的 on 是动词片语 turn on 的一部分。但是在开头与第二句完全相同的第三句中,同样位置的 on 却是介系词片语 on the table 的一部分,与 turn 完全无关。由此可知,一个字在句子中扮演的角色,必须要参考完整的信息后才能确定。

但有的句子若是抽离上下文单独来看,则无法判定确切的句意。例如下面两个句子:

· 他这个人谁都不相信。

· I saw the boy in the park with a telescope.

第一个句子,说的究竟是"他这个人不相信任何人",还是"任何人都不相信他"? 第二个句子,说的究竟是"我用望远镜看到一个男孩在公园里""我看到一个男孩带着望远镜在公园里""我在公园里用望远镜看到一个男孩",还是"我在公园里看到一个男孩带着望远镜"? 若是没有上下文的信息,应该没有人可以确定。

还有些句子,甚至需要用到文章当中没有明言的信息。它们虽然没有形诸文字,但读者仍然可依循背景知识,察知文句应有的涵义。以下面这两个句子为例:

· The mother with babies under four is…

· The mother with babies under forty is…

两个句子的句法完全相同,差别仅有"four"和"forty"一词。但是读者却可轻易地了解,第一个句子的"four"是用来修饰"baby",而第二个句子的"forty"是用来修饰"mother"。读者之所以能下意识地判断出正确答案,凭借的不只是文字的字面意义和语法,还要再加上生活在人类社会中的常识,了解"baby"和"mother"的合理年龄范围。而这种"常识",正好就是计算机最欠缺,也最难学会的部分。

我们在征求译者时,通常会要求译者对稿件涉及的专业领域拥有一定的素养,为的就是避免在这种"常识"问题上出错,这并不是一本专有名词字典可以解决的。就像上面所举的例子一样,字典并不会列出四岁以下的人不可能是母亲,那是读者早该知道的。机器翻译势必要面对的难题之一,就是如何让计算机得到或学习这些"常识"。我们必须能够用计算机可以理解的方式,把知识呈现出来,包括一般性的常识,和特殊领域的专业知识。

由于在分析过程中,一般是依循断词、语法分析、语意分析等程序进行。但往往在做前一步骤时,就需要后面尚未执行之步骤所产生的信息。例如在断词时,常常也需要使用句法及语意的信息来协助判断。因此在机器翻译的过程中,若采用线性流水式的处理程序(Pipelined Architecture),则前面的模块经常无法做出确定性的(Deterministic)判断,而须尽量多保留候选者,让后面的模块处理。因此,最终判断的时机应尽量延后,待累积足够信息后,再决定要使用的译法。这样才不会在信息尚未完整的时候,就把正确的译法排除到考虑范围之外。

2. 不合设定的语法

另外,虽然所有的语言都有语法,但一般我们所谓的语法,其实是一些语言学家,针对目前拥有的语料,所归纳出的一些规则。这些规则不见得完整,往往也有许多例外。再加上语言是一直在变迁的,因此我们无法要求语言的使用者,每字每句都合乎这些人设定的文法,自然也难以避免这些状况发生在我们所要处理的翻译稿件中。这些不合设定语法的例子包括不明的字汇,如拼错的字或新产生的专有名词,和旧有字汇的新用法。例如"Please Xerox a copy for me."这样的句子,即将复印机大厂 Xerox 的公司名称当作动词"复印"来使用。

这些状况有些来自于单纯的疏忽,例如错字、漏字、赘字、转档或传输时产生的乱码,或是不慎混入的标签(Tag),也有些是已经获得接受的新字汇和新语法。理想的机器翻译系统,必须能够适当地处理这些不合设定语法的问题。

除了字汇以外,在语句的层次也有可能出现不合文法的情形。例如"Which one?"之类的短句,在句法层次违反了传统的英文文法,因为句中没有动词,不合乎许多文法课本对句子的定义。而"My car drinks gasoline like water."这样的句子,也违反了一般认为动词"drink"的主语必须是生物的设定。

7.1.4　解决方法

欲解决上述的歧义或语法不合设定问题,需要大量且琐碎的知识。这些大量知识的呈现、管理、整合及获取,将是建立机器翻译系统时的最大挑战。我们不但要将这些包含在语言学之内(Intra – linguistic)、跨语言学的(Inter – linguistic),以及超乎语言学之外(Extra – linguistic)的知识抽取、表达出来,用以解决上述的语法错误和歧义问题,还要维护这个庞大的知识库。

此外,由上文可知,光是依靠专业领域的字典,仍然无法解决各领域的特殊问题。我们真正需要的,是各相关领域的专业知识。因此,我们要建立的知识库必须包罗万象,涵盖各领域、各层面的知识。这些知识不但范围广大,而且杂乱琐碎,要将它建立完善,本身就是一项艰巨的工作。事实上,知识的取得是机器翻译系统开发上最大的瓶颈。也因此,若要解决机器翻译的问题,一定要有成本合宜且全面性的知识获取方式,并兼顾多人合建系统时的一致性(Consistency)问题。

通常知识的获取方式,和我们表现知识的方式有很大的关联。表现知识的方式可以有不同的形式。例如一般的英文常识告诉我们,冠词后面不会出现动词。要表现这项知识,我们可以使用条列式的规则:"若某字是冠词,则下一个字不可能是动词",也可以使用机率式的描述:"若某字是冠词,则下一个字是动词的机率为零"。这两种不同的知识表达方式,会衍生出以下两种不同的机器翻译策略。当然除此之外,常用的还有储存大量例句的基于例句的(Example - Based)系统,将不在此详述。有兴趣的读者,可自行查阅相关文献。

1. 规则库方式

规则库系统系由事先以人力建立好的大量规则所构成。进行翻译的时候,计算机即依据这些规则,进行是与否的二择判断,以决定分析、转换和生成步骤中,最后被标明的答案。这种做法也是早期大多数机器翻译系统所采行的做法。

规则库方式的优点在于贴近人类的直觉,因此容易了解,而且可以直接承袭现有的语言学知识和理论,充分运用前人研究的结果。相较于下文中提及的参数化方式,规则库方式耗用的计算机硬件资源也比较少。但是相对的,规则库方式也有它的缺点。规则库系统是一连串是与否的二择,但是自然语言中却处处可以见到违反规则的例外。因此,当遇到复杂且较无规律的状况时,规则库方式往往就需要引用大量烦琐的规则来处理。但规则的总数越多,维护起来就越困难。而且只要出现少部分无法精确区隔的例外情况,就会大幅降低整体的性能。例如若每个规则在进行判断时的正确率可达 90%,则经过 20 次判断之后,错误逐渐累积,其正确率就有可能锐减为 12%(0.9 的 20 次方)。因此规则库方式一般说来仅适用于较为常规的状况。

此外,规则库式翻译系统的建立和维护须完全依赖人力,这也是一项很大的缺点。首先,在现代社会中,大量人力代表昂贵的金钱,而且人的能力有其局限性,例如一般人在脑中能同时处理的事项,通常只有 5 到 9 项。因此在做修正时,往往无法同时考虑规则库中所有的规则,和是否适用于所有的语料。可是,若要提升全系统的性能,就必须对系统做整体的考察,否则就很可能会产生所谓的"翘翘板效应"(即某个范围内的性能提升,反而使另一个范围内的性能下降),而无助于提升整个翻译系统的性能。

上述这些缺点,使得规则库翻译系统的建立、维护和扩充十分不便。当系统的复杂度达到一定的水准后,翻译质量往往就很难再行提升。这是因为规则库方式的复杂度,在增加到某个程度后,就很可能会超乎人力所能维护的范围。所以其性能常常在达到 70% 至 80% 的正确率后即停滞不前,很难更上一层楼。这些难题主要是来自于自然语言的特性,以及规则库方式本身的缺陷。所以要突破这个瓶颈,我们可能得换个方式下手。

2. 参数化方式

前文已提到,语言现象也可以用机率式的描述方式来表示。例如要表示冠词不会接在动词前面这个现象,我们也可以采用"冠词的下一个字是动词的机率为零"这个说法。若以数学式表示,即为 $P(C_i = \text{verb} | C_i - 1 = \text{det}) = 0$,其中 C_i 代表第 i 个字被归为何种辞类。至于实际的机率值,则是来自以计算机统计语料库中各种相邻词类组合(如冠词与动词相连)出现次数的结果,如下列公式所示:

$$W_1 W_2 W_3 W_4 \cdots (\textit{Words})$$

$$c_1 c_2 c_3 c_4 \cdots (\textit{Part} - \textit{of} - \textit{Speeches}) \quad \cdots \Rightarrow P(\text{verb}|\text{det}) = \frac{\#[\text{det verb}]}{\#[\text{det}]}$$

在累积足够的机率参数之后，就可以建立起整个统计语言模型。然后藉由参数之间数值大小的比较，告诉计算机人类在各种不同条件下偏好的解释和用法。

这种机率表示法的最大好处，就是可以将参数估测（统计）的工作交给计算机进行。而且用连续的机率分布，取代规则库方式中是与否的二择，为系统保留了更多弹性。而估测参数时，由于是将语料库中的所有语言现象放在一起通盘考虑，因此可以避免上述的"翘翘板效应"，达到全局最佳化的效果。参数化系统由大量的参数组成，因此参数的获取需要大量的计算机运算，储存参数也需要相当大的储存空间，超过规则库方式甚多，但是在硬件设备发展一日千里的今天，硬件上的限制已经逐渐不是问题了。

采用参数化的方式，主要是因为自然语言本身具有杂芜烦琐的特性，有些现象无法找出明确的规则作为区隔，或是需要大量的规则才能精确区隔。为了能够处理复杂的自然语言，机器翻译系统也必须拥有能够与之匹敌的复杂度。不过为了驾驭这些繁复的知识，我们还必须找到简单的管理方式。但这是规则库系统不易做到的，因为规则库系统必须由人直接建立、管理，其复杂度受限于人的能力。若要增加复杂度，就必须增加规则数，因而增加系统的复杂度，甚至最后可能超过人类头脑的负荷能力。参数化系统则将复杂度直接交由计算机控制，在增加复杂度时，参数的数量会随之增加，但整个估测及管理的程序，则完全由计算机自动进行，人只需要管理参数的控制机制（即建立模型）即可，而将复杂的直接管理工作交给计算机处理。

在参数化的作法中，将翻译一个句子，视为替给定的原语句找寻最可能的目标语配对。对每一个可能的目标语句子，我们都会评价其机率值，如下式所示：

$$P(T_i \mid S_i) = \sum_{I_i} P(T_i, I_i \mid S_i)$$

$$\cong \sum_{I_i} \{ [P(T_i \mid PT_t(i)) \times P(PT_t(i) \mid NF1_t(i)) \times P(NF1_t(i) \mid NF2_t(i))] \times \qquad (1)$$

$$[P(NF2_t(i) \mid NF2_s(i))] \times \qquad (2)$$

$$[P(NF2_s(i) \mid NF1_s(i)) \times P(NF1_s(i) \mid PT_s(i)) \times P(PT_s(i) \mid S_i)] \} \qquad (3)$$

上方的公式为参数化机器翻译系统的示例，其中 S_i 为源语言的句子，T_i 为目标语的句子（译句），I_i 为源语言–目标语配对的中间形式（Intermediate Forms），PT 为语法树（下标 s 为源语言，t 为目标语），NF_1 为语法的正规化形式（Syntactic Normal Form），NF_2 为语意的正规化形式（Semantic Normal Form），而（1）（2）和（3）三个列式，则分别代表生成、转换和分析不同阶段中的机率。

参数化系统还有一项极大的优点，就是可借由参数估测的方式，建立机器学习（Machine Learning）的机制，以方便我们建立、维护系统，和依据个人需求自定义系统。因为一般来说，如果能特别针对某一个特定的领域来设计专属的机器翻译系统，将有助于质量的提升。例如加拿大的 TAUM – METEO 气象预报系统，其英法翻译的正确率可达 90% 以上，至今仍运行不辍。但是在以往规则库的做法下，由于规则须以人力归纳，成本相当高昂，所以无法针对各细分的领域逐一量身订做专用的系统。但若采用参数化的做法，就可以使用不同领域的语料库,估测出各式各样的参数集。然后只要更换参数集,便可将系统切换至不同的领域,以配合不同使用者、不同用途的需求。而且每次翻译作业完成后,还可将使用者的意见纳入新的参数估测程序中,使系统越来越贴近使用者的需要。以下我们将进一步说明如何建立机器学习的机制。

(1)非监督式学习

一般来说,要让计算机进行学习,最直接有效的方式,就是将语料库标注后,让计算机直接从中学习标注的信息,也就是所谓的"监督式学习(Supervised Learning)"。但因标注语料库需要花费大量的专业人力,且不易维持其一致性,所以对我们来说,最理想的机器学习方式,莫过于"非监督式学习(Unsupervised Learning)",即不须人力参与,让计算机直接从不加标注的语料库中学习。

不过要达到非教导式学习的理想相当困难。因为自然语言本身会有歧义现象,在没有任何标注信息的情况下,计算机很难判断文句的真意。为了降低学习的困难度,我们可以使用双语语料库(即源语言与其目标语译句并陈的语料库),间接加上制约,以降低其可能之歧义数目。由于双语语料库中并列的源语言和目标语译句,其语意必须是一致的,也就是双方在可能的歧义上,必须求取交集。如此即可减少可能的歧义,让计算机理解句子的正确意思。

以"This is a crane./这是一只白鹤。"这个源语言/译句配对为例,"crane"一字在英文中有"白鹤"和"起重机"两个意思。若单看句子,在没有标注的情况下,计算机很难判断出这里的"crane"要作何解释。但若给了中文的对应句子,那么很明显此处的"crane"指的一定是白鹤(即两者的交集),才能使中英文句子表达的意思一致,因为中文的"白鹤"一词并无"起重机"的歧义。在不同的语言中,词汇的解释分布通常是不一样的,所以双语语料库中的配对,可以形成一种制约,有助于大幅缩减歧义的数量及可能范围。

(2)不同的参数化作法

在建立源语句和译句的对映关系时,可以使用的方式有纯统计方式(又分 Word – Based 和 Phrase – Based 这两类),以及使用语言学分析为基础的语法或语意树对映。纯统计方式是目前 IBM 模型所采用的做法,其特征为不考虑句子的结构,纯粹以单字或词串(Phrase,此处的词串可以为任意连续字,不见得具有语言学上的意义)为单位进行比对。这种方式的缺失在于只考虑局部相关性(Local Dependency,通常为 bigram 或 trigram),往往无法顾及句中的长距离相关性(Long – Distance Dependency,例如句中的 NP – Head 与 VP – Head 通常会有相关性)。若两个文法上有密切相关的单字之间,夹杂了很多其他的修饰语,就会使它们彼此超出局部相关性的范围,此模式即无法辨识这种相关性。近来的 Phrase – Based 方式,已针对上述缺点,改以词串为单位进行比对,这样虽然可以解决词串内单字的相关性问题,然而在相关字超出词串的范围时,还是会产生无法辨认长距离关联性的缺失。

但若使用以语言学知识为基础的做法,不仅可以顾及语句中的长距离关联性,而且句子的分析和生成结果,还可使用在其他用途上(如信息抽取、问答系统等)。如图 7 – 4 所示,将源语句和译句分别进行语法及语意分析,各自产生其语法树及语意树,再对所产生的语法树或语意树之各节点进行配对映像。但由于句子有歧义的可能性,每个句子都有数种可能的语法树或不同的语意解释,因此我们可以依照前文中的例子所述,藉由两者间的对映关系,以采取交集的方式,分别排除源语言语法树和目标语语法树的歧义,如图 7 - 5 所示。

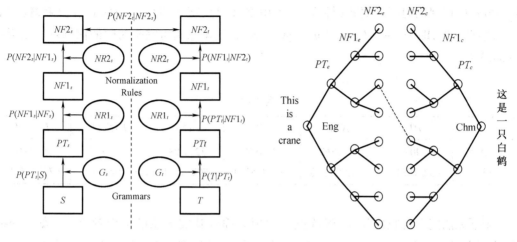

图 7 - 2　双向式学习流程　　　　　图 7 - 5　双语配对句不同歧义间之映射

　　虽然在分析的过程中,由浅至深有许多不同的层次。理论上,源语言和目标语可在任一层次的结构上建立对映关系,如词串到词串、语法树到词串、语法树到语法树、语意树到语意树等。但事实上,采取不同的对映层次,会影响到对映的难易程度。如图 7 - 6 所示,当在语法树上做映像时,由于两边文法结构不同,许多节点无法被对映到(即图中的白色节点)。然而当转到语意层次做对映时,对映不到的节点(白色部分)就会减少很多,如图 7 - 7 中的例子所示。在这个例子中,所有语意树上的节点甚至全部都可以一一对映到。因此,同样的句子,采用较深层的语意层次进行双向式学习,可以增加对映的效率。

Plug the power cord into the spectrum analyzer.

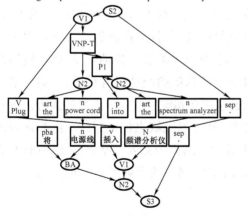

将电源线插入频谱分析仪

Plug the power cord into the spectrum analyzer.

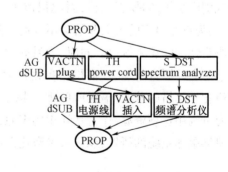

将电源线插入频谱分析仪

图 7 - 6　语法树配对映射　　　　　图 7 - 7　语意树配对映射

　　上文论及若在语意层次进行映像,对映的效率较高。这主要是因为同样的句子可以有不同的讲法,如主动式、被动式等。所以配对中的两个句子,可能会采用不同的讲法,再加上不同的人写出的源语言和目标语文法,其表达形式也可能有差异。因此如果直接在句法树上做配对,对映效果往往很差。表7-1的实验结果,也清楚呈现出这种趋势。在1531句的句法树配对(PT)中,只有3.4%的句子拥有完全相符的语法剖析树。但是如果先将这些语法树转成正规化的语意型式(即表7-1中之 $NF2$),甚至再做些局部的树型调整(如表7-1之$TC-TP$,即 Target-Case-Topology-Tree),则语意树可完全对映的比例就可以提高到50.3%。

表7-1

	PT	$NF1$	$NF2$	$NF3$	$TNF2LS$	$TC-TP$
即点配对达成率	3.40% (52/1531)	11.23% (172/1531)	31.61% (484/1531)	32.72% (501/1531)	35.27% (540/1531)	50.29% (770/1531)

剩下无法完全对映的句子,经检查后发现大部分其实语意已被译者变更。如"Please check if the fuse is in the appropriate place.",被译为"请检查是否已插入正确的保险丝"。严格来说这两个句子所含的意思是不相等的。进行翻译时,在多数情况下我们会希望译句保有和原语句相同的语意,因此一般译者会尽量维持语意相同。所以,先转为正规化的语意形式,再行配对节点,可靠性会增加许多。

在将源语句和译句配对后,所谓的自动学习过程,就是去寻找一组参数集 ΛMAX,使其能让所有源语句和译句间的配对,有最大的"可能性"(likelihood value)。如式(7-1)(其中 S 为所有的原语句,T 为所有译句,I 则为所有分析过程中的中间形式):

$$\Lambda_{MAX} = \underset{\Lambda}{\arg\max}\, P(T_1^N \mid S_1^N, \Lambda) = \underset{\Lambda}{\arg\max} \sum_{I^N} P(T_1^N, I_1^N \mid S_1^N, \Lambda) \qquad (7-1)$$

这组参数即为参数化系统的"知识",可以在翻译的时候,用来决定哪一个目标语句最有可能是特定原语句的翻译。由于参数化系统是以非决定性的方式来呈现语言现象,有别于规则库系统的是/否二择,因此保留了更多的弹性。这个特点在自然语言处理中十分重要,因为自然语言的歧义和语法不合设定问题,本身即具有非决定性的特质,因此较适合以非决定性的知识来解决。同时,参数化系统可藉由计算机的统计语言模型,自动从语料库中学习有关语言的知识(即机率参数),大幅减低了建立和维护过程中需要的人力。随着计算机化和网络的普及,语料库的取得越来越方便,涵盖的领域也越来越广。参数化系统可以充分利用这项资源,作为其知识的来源,而无需太多的人力介入。基于上述的原因,近年在机器翻译系统的研发领域中,参数化系统逐渐取代了过去的规则库系统成为主流。

7.1.5 未来展望

上文中已提及,制作高品质的翻译系统,需要的知识极为琐碎而庞大。这些知识的获取和管理,正是翻译系统研发的重大瓶颈。从过去的经验可知,这项工作的复杂度已超过人类所能直接控制的范围,即使真的可行,其成本也不是大多数研发单位所能负担的。

因此近年来机器翻译系统的研发,已经逐渐由以前的规则库方式转为参数化方式。美国国家标准局(NIST)最近连续几年,都针对中译英的机器翻译举行评比。到目前为止,在所有参赛系统中拔得头筹的,都是参数统计式的系统,而且与其他类型的做法有不小的差距。由此可见,机器学习式的统计导向做法,已证明其优越性。目前机器翻译研发的主流,已经逐渐从规则库导向转为参数统计方式。

这种典范转移(Paradigm Shift)现象的产生,不只是因为大家认知到,机器翻译系统的复杂度已超出人所能直接控制的范围,部分原因也在于语料库的发展规模。以往在建立语料库时,是由人工从纸版数据打字键入,因此规模多半不够大,对语言现象的涵盖度也不够高。所以主要是用来提供线索,供研究人员进一步将其概括化(Generalize)为通用的规则,以提高涵盖范围。但由于电子化的时代来临,越来越多的文件是直接以电子文档形式产生,因此建立语料库时仅须直接编辑电子档,无须再经人工键入,建构成本大幅降低。加上网络逐渐普及,与日俱增的网页也可以当作语料库的来源。同时,共享语料库的观念也获得普遍认同,许多大规模的语料库,都可以用很低廉的代价从美国 LDC(Linguistic Data Consortium,网址为 http://www.ldc.upenn.edu)获得。如此一来,语料库对语言现象的涵盖度已大幅增加,对以人工进行举一反三的概括化规则归纳工作的需求,已经大幅降低。

上述这些庞大的语料库,可以用来建立不同领域共享及各领域专属的参数集。过去的翻译系统,大多是以泛用的系统核心搭配不同领域的字典,企图解决专门领域文件的翻译问题,但是结果却不如预期。原因已如上述,在解决歧义和语法不合设定的问题时,必须使用到该领域的领域知识(Domain Knowledge),无法单靠专门用语字典。有了大量的语料库之后,我们可以从中挑选属于各领域范畴的部分,从中抽取相关之参数集,以解决领域知识的问题。

随着硬件性能的大幅跃升,计算机的计算能力和记忆容量已经不再是机器翻译系统研发的限制因素。同时语料库的规模也与日俱增,如果由人来推导模型,让机器在大量的双语语料库上,进行机器学习获取大量参数,将可大幅降低知识获取的复杂度,而这正是以往机器翻译研发的瓶颈所在。展望未来,如果能在统计参数化模型上,融合语言学的知识,并能以更适当的方式从语料库抽取相关知识,则在某些专业领域获得高品质的翻译,也是乐观可期的。如此,则机器翻译在实用化上的障碍,也终将获得解决。

7.2　中国翻译市场的现状与分析

翻译行业在中国已有几十年历史,中国改革开放之后,跨国交流需求剧增,经过长时间发展,已经形成一个有自己特色的独立行业。

7.2.1　中国翻译行业的现状

翻译行业主要包括翻译需求公司(客户)、翻译服务公司(翻译公司)、翻译工具开发公司、翻译行业协会、翻译教育机构等,构成了翻译行业的"生态系统(Ecosystem)"。

科技翻译(The Translation of Science and Technology)是中国翻译领域发展最为迅速的分支,本节主要讨论中国科技翻译生态系统的现状,分析其特点和发展趋势。

1. 客户（Translation Client）

根据"2002 - 2003 LISA Asia Globalization Resources Survey：Report Number 1：People's Republic of China"的数据,中国公司大多数在公司内部进行产品的翻译工作,仅有 1/3 的公司把翻译和编辑工作委托给第三方翻译公司。不过如果翻译公司提供适当的外包翻译价格,并且具有翻译多种语言的能力,50% 的中国公司愿意考虑翻译外包。

翻译投入方面,大多数中国公司把他们总收入的 2% 用于本地化翻译项目的投入。在这些投入中,80% 的资金用于产品的本地化翻译和维护,只有 20% 的资金用于网站和电子商务的预算。

在国际化语言市场的重要性方面,中国公司认为英语和简体中文最为重要。排列第一位的是英语 53%,其次是简体中文 14%,日文 11%,韩语 7%,德语 4%,法语 3%。

2. 翻译公司（Language Service Providers）

中国提供翻译服务的公司包括三种类型:国内的翻译公司、国内的本地化公司和国外本地化公司的中国分支机构。

翻译公司 + 翻译社（主要作用是提供规模化翻译服务,翻译公司作为法人企业,兼具财税清算角色）,国内翻译公司数量庞大,据中国翻译协会（CTA）的不完全统计,中国正式注册的从事翻译服务的公司超过 30 000 家。行业集中度不高,以中小企业为主,主要客户都是中国本土的公司。

北京语言大学曾经对北京、上海、武汉、广州四大城市进行过翻译公司的调查,他们发布的"关于中国四大城市翻译公司的调查报告"数据显示,北京翻译公司超过 400 多家。目前翻译公司经常翻译的语种有:英、日、德、法、韩、俄,翻译领域涵盖贸易、法律、电子、通信、计算机、机械、化工、石油、汽车、医药、食品、纺织、体育多个行业,翻译的资料类型包括个人资料、商务文件、技术工程、法律文件和文学艺术等。这些翻译公司正式员工不多,一般 5 到 15 人,大量使用兼职翻译。中国目前最大的翻译公司专职翻译人员为 180 人。

中国从事本地化翻译的知名本地化公司不超过 15 家,包括国外多语言服务公司（MLV）和中国本土的区域语言服务公司（RLV）,从事本地化翻译的专职人员总数大约在 1 500 人左右。本地化翻译源语言都是英语,目标语言简体中文占绝大多数。本地化公司大都选择翻译公司作为他们的 Vendors,也使用少量的个人兼职翻译（Freelancers）。中国知名的本地化公司都成立于 1998 年之前,集中在北京和深圳,提供本地化翻译、工程、桌面排版和测试服务,主要以国外 IT 行业客户为主。

3. 翻译工具开发公司

中国翻译工具的开发包括翻译记忆工具和机器翻译工具,下面分别介绍。

雅信 CAT 是中国公司开发的计算机辅助翻译（CAT）软件,一些中国翻译公司用于国内客户的文档翻译。雅信 CAT 突出的是其超大容量的专业词汇（含近百个专业词库,500 万条词汇,10 万例句库,涉及了计算机、电子、电信、石油、纺织、化学等 70 个常用的专业）和翻译记忆功能。它与 Microsoft Word 实现了无缝对接,用户的主工作界面就是 Word 本身,支持局域网及 Internet 上的信息交换。

在机器翻译（MT）方面,中国华建集团开发的"华建多语译通"和中国计算机软件与技术服务总公司开发的"译星"比较有名。在翻译语种上,译星翻译软件包括英 - 汉、汉 - 英和汉－日、日－汉四个翻译系统,具备 Internet 网上翻译功能及对 Word,Excel,PowerPoint 文档的翻译功能。根据网上公布的资料,在翻译速度上,译星英汉系统每小时可翻译 100 万词,译星汉英系统每小时翻译 20 万词,汉－日系统每小时翻译 40 万词。从翻译质量上,对于一般复杂程度的文章,译星英汉翻译系统的翻译准确率在 80% 左右,译星汉－英、汉－日翻译系统的翻译准确率也在 80% 左右。

4. 翻译行业协会和翻译标准

中国翻译协会(Translators Association of China(TAC))成立于 1982 年,是中国翻译领域的学术性、行业性非营利组织。会员由分布在中国内地 30 个省、市、区的团体会员、单位会员和个人会员组成。中国翻译协会于 1987 年正式加入国际翻译家联盟,会刊是 1980 年创刊的《中国翻译》(双月刊)。

2003 年 11 月 27 日,中国国家标准化管理委员会批准发布了《翻译服务规范 第一部分 笔译》(GB/T 19363.1－2003)国家标准。2005 年 7 月 8 日,中国标准化协会在北京组织召开了《翻译服务译文质量要求》国家标准英文版审查会,会议通过了标准英文版的审查,并决定报送中国国家标准化管理委员会国际部审批。

5. 翻译教育机构

2006 年中国教育部正式批准广东外语外贸大学、复旦大学与河北师范大学等三所高校可自 2006 年开始招收"翻译"专业本科生,"翻译"专业(专业代码:050255S)。自 20 世纪 80 年代初期,中国一些学校开始在外国语言文学下招收翻译方向的硕士研究生;20 世纪 90 年代中期开始,南京大学等高校开始培养翻译方向的博士生。

2003 年中国人事部制定了"翻译专业资格(水平)考试"(China Aptitude Test for Translators and Interpreters—CATTI)。分为口译和笔译两种,面向社会公开报名考试,语种涵盖英、日、俄、德、西班牙、阿拉伯等。

7.2.2 中国翻译行业的特点

1. 翻译规模偏小,没有形成产业

在国内很多翻译公司专职人员少于 15 人,很多处于家庭作坊式运营状态,每年的营业额不超过 100 万人民币,具有良好行业品牌的翻译公司为数甚少。国内缺少培养合格科技翻译人员的专业教育和培训机构,很多中国公司的翻译项目只有少量的翻译工作选择外包,中国翻译笔译标准刚刚制定出来,实施过程缺少监控和度量,翻译协会在指导翻译行业发展,提供信息方面的功能还没有充分发挥。现阶段,翻译在中国只是一种职业,还没有形成产业。

2. 翻译公司数量众多,翻译质量参差不齐

在中国开设翻译公司的门槛很低,所以翻译公司正式注册的超过 3 000 多家,没有正式注册的各种翻译工作室更多。由于很多翻译公司声称可以承接多个行业、多种语言的翻译,内部没有采用翻译记忆工具和术语管理工具,而且专职人员很少,具有丰富经验的专职翻译更少,大多数靠兼职翻译或者层层转包,使得翻译的质量难以控制。

3. 翻译同行竞争激烈,翻译价格不断走低

中国翻译公司的客户绝大多数来自国内,为了争夺客户,不少翻译公司之间竞争激烈,经常采用低价的翻译等不规范方式。由于翻译价格不断走低,为了获得利润,常规的翻译、编辑和审核的流程经常无法保证,造成了翻译质量下降。在激烈的价格战中,很多翻译公司无法获得足够的利润,只能惨淡经营。

4. 翻译培训机构不足,科技翻译人才短缺

由于 2006 年中国才正式在高等院校设置"翻译"专业,而且社会上缺少培养科技翻译的培训机构,导致科技翻译人才的社会供应不足。另外,高校的翻译课程大多注重翻译理论的论述,缺少更多结合翻译公司实际翻译项目的课程很少。所以不少刚毕业的英语专业的学生到翻译公司工作后,还需要公司进行二次培训。

5. 翻译公司开始尝试本地化翻译

由于客户对于本地化翻译的质量比较认可,而且本地化翻译的价格相对较高,近两年来,本地化翻译成为不少中国翻译竞相加入的新业务。70% 以上的翻译公司在网站上列出它们可以承接本地化业务。它们的本地化业务大部分是本地化翻译,多数从国内知名的本地化公司承接业务,也有些翻译公司承接网站内容的本地化。由于缺少熟悉本地化翻译的专职员工,而且翻译流程不规范,不少本地化翻译业务很难顺利实施。

7.2.3 结论

中国经济的快速发展和对外经济、文化和科技交流的深化,中国翻译行业的发展空间广阔。

翻译公司的竞争力在于通过规范的流程、专业的翻译人员、严格的质量控制和先进的翻译工具,提供客户满意的产品和服务。

一些颇具规模的翻译公司应该在加强发展国内客户的同时,加大开拓国际市场的力度,遵守行业的国际规则,形成中国强势翻译品牌。

发展中国翻译行业需要翻译协会、高等院校、翻译公司共同推动,形成行业发展的和谐生态系统。

互联网时代,翻译行业不少交易通过互联网进行,由于行业法规缺失,且缺乏相应的仲裁机构,翻译行业诈骗和纠纷事件时有发生。

翻译工作高度依赖个人能力,不同层次的译员收入差异较大。近些年翻译行业平均待遇没有明显提升,翻译人员对提升翻译待遇的呼声增多。

7.3 大数据时代翻译技术的发展

在大数据时代,数据无处不在,数据激增会导致交流需求的激增,进而促进语言服务需求的激增。大数据技术是一个综合性的技术,它反映了社会的技术性。在技术社会,它的重要特征就是技术因素比较活跃,技术发展和技术创新占主导地位,这将对翻译行业的发

展产生不可估量的影响。在语言服务业,许多过去难以量化的信息都将转化为数据进行存储和处理,大量复杂的待翻译项目逐步浮出水面,所以激发并利用隐藏于数据内部尚未被发掘的价值,开拓语言服务业的蓝海是翻译行业的大势所趋。传统的翻译研究者囿于语言和文本的研究,并未充分意识到当今商业环境中翻译技术发挥的巨大作用,而传统的翻译理论也很难描述和解释现代新型的翻译技术现象和翻译技术活动。无论我们是否做好了准备,大数据时代下的翻译技术发展迅猛,全球范围内翻译研究和翻译教学将发生重大的变化。

7.3.1 大数据时代下的语言服务变革

一般认为,语言服务业包括翻译与本地化服务、语言技术工具开发、语言教学与培训、多语信息咨询等四大业务领域。语言服务业的发展离不开海量信息的高速处理,然而,在经济全球化的大背景下,信息呈指数增长,最近两年生成的数据量,相当于此前所有时代人类所生产的数据量总和,知识增长和分化已经远远超出了人类的最大承受范围,所以在信息时代,社会高速发展必须借助信息处理技术。大数据计算技术应运而生,解决了数据规模过大,传统计算方式无法在合理时间完成分析处理的技术难题,大数据技术和基于统计方法的自然语言处理技术在语音识别、机器翻译、语义索等技术领域都取得了重大突破性发展(唐智芳,于洋,2015)。近年来,语言服务和技术市场一直不断发展壮大,市场年增长额逐年递增,从2009年的年增长额为250亿美元增长到2016年为402.7亿美元。这种变革进而将语言服务业带入了一个全新的信息纪元:语言服务的内容不再局限于口译和笔译,而是随着时间的发展变得多元化。大数据催生出许多新的业务类型,语言服务市场的结构发生了很大的变化:虽然从整体上看,2016年,语言服务业最重要的业务还是传统的笔译和现场口译,二者总市场份额由2013年的57%增至近73%。但是,同2013年相比,语言服务业新出现了会议口译(占3.32%)、手机本地化(占0.51%)、游戏本地化(占0.54%)、搜索引擎优化(占0.35%)和字幕翻译(占1.08%),这些新兴行业市场份额虽小,但是较为稳定。美国著名语言行业调查机构卡门森斯顾问 Common Sense Advisory(CSA)调查研究结果显示,2016年,外包语言服务与技术的国际市场量达到402.7亿美元,预计市场将在2020年提高到450亿美元。

CSA 指出,当前国际语言服务及相关技术的需求量比上一年增长了5.52%,虽然同上一年度6.46%的增速相比,增幅略微回落,但总体来说,语言服务市场仍然保持着强劲的增长势头。CSA 还预测,语言服务行业这一市场将继续扩大,到2020年,这一市场量将会达到450亿美元。使这一市场不断扩大的主要因素包括:不断发展的国际移动和电子商务,物联网,以及在移民、难民迁移、法庭和公共安全等方面不断提高的语言要求。

CSA 从包含了全球超过18 500家提供语言服务外包和技术的公司数据库中选取了728家作为样本,以研究语言服务外包和技术市场的现状及前景,并最终形成了这一份全球市场报告。在这份报告中,CSA 通过市场、过去一年的回顾、服务商们面临的机遇和挑战、服务与技术的收益分配,以及各项业务指标的衡量标准等方面的研究,对当下外包语言服务市场做出了完整且详实的分析(CSA,2016)。同时,市场愈发多元化使得服务模式也随之产生变化。例如,现在的跨境电商中通常需要实时的多语言交流和翻译,所以即时的、动态的、碎片化的微语言服务模式才登上历史舞台,多元化的语言战略也应该跟上市场的步伐,不断改变。

7.3.2 大数据时代下的翻译技术发展

大数据时代,世界是用数据来组成和表达的,我们人类已知的数据还只是冰山一角,尚有很多的数据还未得到充分的挖掘、理解和运用。在面临着海量的、混沌的、非结构化的数据时,要从当中去挖掘更多对特定行业有意义和价值的数据,迫切需要现代语言处理技术。在新技术驱动之下,新兴语言服务市场的重要特征是海量化、多元化、碎片化、多模态、即时性,这些特点更要求语言技术作为基础支撑。在大数据时代,以翻译为例,译文作为产品可以贴上数据标签,诸如原文的诞生、译文生命的延续、译者的风格、译文的版本管理、译文的跨国传播、译文的受众群体、译文的传播效果等诸多因素都可以进行追溯,这些都可以生成一个庞大的翻译数据库,这将对翻译教育和研究产生深远的影响。

随着信息技术的发展,尤其是在近年来在云计算和大数据技术的推动之下,语音识别、翻译技术和翻译平台技术都得到了发展。在大数据时代下,语料库资源更加丰富,语音识别技术发展迅速;科大讯飞还开发了语音听写、语音输入法、语音翻译、语音学习、会议听写、舆情监控等智能化语言技术。以 SDL 为代表的翻译工具开发商也纷纷开发出基于网络的技术写作、翻译记忆、术语管理、语音识别、自动化质量保证、翻译管理等工具,并广泛应用于产业翻译实践之中。计算机辅助翻译软件也取得了重大发展,从单机版走向网络协作、走向云端,从单一的 PC 平台走向多元化的智能终端。诸如 Flitto、TryCan、Onesky 等生态整合性的众包翻译平台也受益于蒸蒸日上的大数据技术。以中业科技研发的 Trycan 翻译平台为例,它依托于互联网大数据,结合语言环境和不同国家的地域等因素,同时依托于中业科技背后数万名在线兼职译员及多重高级译员审核制度,特别是翻译时间的限制,保证了各种翻译能够在一分钟内得到解决,改变了机器翻译和人工翻译的模式,让翻译更加人性化。

7.3.3 大数据时代下的翻译教学

纵观国内翻译技术教学,传统的翻译教学起步相对较早。2006 年,教育部批准 3 所大学开设本科翻译专业(Bachelor of Translation and Interpreting, BTI);2007 年,15 所高校开设翻译硕士专业学位(Master of Translation and Interpreting, MTI);2011 年,158 所高校 MTI,42 所 BTI;2012 年,159 所高校开设 MTI,106 所 BTI;2016 年,206 所高校开设 MTI,230 所 BTI。翻译人才本应该满足市场需求,但技术的飞速发展要求译者具备更高水平的全方位立体多元化能力,高校输送的人才很难达到企业的招聘要求。在此大背景之下,北大 MTI 在 2009 年就开始开设翻译技术、本地化建设课程,并在 2013 年开创语言服务管理方向的先河,现已为企业输送了几批合适的人才,但为数不多的毕业生依然难以满足企业日益增长的人才需求。2014 至 2015 年,北京语言大学、广东外语外贸大学、西安外国语大学等开设本地化方向,旨在培养适应本地化服务市场需要的专业化人才,还有不少高校开始根据当地区域和经济发展的特点,开始和国际化企业合作开展定制化人才培养的战略。

大数据时代下,机器翻译、计算机辅助翻译技术、智能语音转写和识别技术发展迅猛。翻译技术已经从桌面转变到云端,翻译技术无处不在,语言服务市场不断变化,对人才的需求也不再同于以往。同传统翻译行业相比,现代翻译的对象、形式、流程、手段和所处环境等都发生了巨大的变化,翻译教育也应充分考虑这种变化,才能培养出可以满足市场需求的人才。在翻译生态环境中,翻译的技术处理包括翻译技术、审校技术、质检技术、管理技术、排版技术等多道工序,与之对应是专业译员、审校人员、质检人员、项目经理和排版专员等多种角色。在该系统模型中,翻译系统的技术需求与人才培养系统的职业培养目标相互匹配,要求翻译教学与市场发展必须紧密结合。高校应该先分析市场,设定合理人才培养目标,再调整翻译教学的内容,在课程设置中增加市场急需的翻译技术,定向培养懂翻译、懂技术的语言服务人才。比如,在大数据助力之下,机器翻译技术取得了重大进展。以微软的机器翻译技术为例,在特定领域,利用深层神经网络技术,准确率可维持在80%~90%之间,机器翻译系统预先翻译之后,再进行人工的编辑和审校即可完成翻译,这就是所谓的机器翻译编辑模式。相应地,译员需要知道如何与机器"合作",如何高效地进行译后编辑。那么,这一部分内容就一定要在翻译教学中涉及,这样才能保证高效人才输出与企业需求对接。

此外,翻译技术教学区别于传统的翻译教学,在实施过程中,需要借助现代教育技术和平台(如 Moodle 课程管理系统、Virtualclass 系统及 MOOC 教学模式),将现代教育的最新成果融入到翻译技术课程教学之中,推动翻译教学的创新、与时俱进。

7.3.4　总结

在大数据时代,翻译技术本质上是数字人文主义下的翻译人文和技术的融合,两者相互影响、相互作用、共生共融。翻译技术是对翻译活动和翻译社会的建构和促进。在新时代背景下,翻译技术已经构成了翻译从业者不可逃脱的命运,我们应该以开放的心态拥抱新技术的发展,充分认识到技术的人文性和技术性之间的关系,充分发挥现代翻译技术的优势,根据市场的发展与时俱进,调整人才培养战略和教学大纲,培养适应时代发展和市场需求的具备综合素养的现代语言服务人才。

结束语　对当前翻译研究的思考

大凡自人类开始翻译活动,尤其是文字翻译活动以来,对翻译的研究便从未中断。每次随着翻译活动高潮的到来,翻译研究就趋向深入,翻译研究中的争论也就愈加激烈。近来争论的焦点算是艺术观与科学观之争了。问题的核心是对科学观的意见不一,认定翻译是科学与不是科学的两派各执一端,但不免各有失偏颇。这其中除对"科学"的理解差异外,更主要的似乎还在于持科学主张内部的问题。

翻译是艺术吗?是艺术!仅就译者必须运用语言重新塑造原文中已塑造出的形象而言,翻译就应当是艺术,这是无可非议的。但是,翻译又不能仅仅是艺术,因为"在艺术世界中,无论是哪一种形态的艺术形象都是以社会生活为自己的生命源泉,都以生动的感性形式去反映生活的本质"。译者的"生命"源泉仍在于原著之中。即便是文学翻译,译者对原著的理解也不能只凭直感,任意发挥,这其中还要借助语言、逻辑去正确理解之。况且,翻译除了文学翻译外,还包括科技翻译,政论翻译等。当然,这类翻译中也有创造,但我们还不至于可以荒唐到认为这类翻译不是翻译,或是说这类的翻译都是艺术的地步吧!因此,无论是文学翻译,或是科技翻译,或其他种类的翻译总还是要讲点科学。关于这个问题,董秋斯先生在《论翻译理论的建设》一文中已有阐述。至于"翻译学"的提法国内早在 20 世纪 50 年代,或是更早些时候已有过,并非像有人所说的是"进口货"'。

此后,许多相关学科的发展,尤其是语言学的发展,促使翻译研究沿着科学方向深入探索。近一二十年,广大翻译理论工作者为建立翻译学大声疾呼、呐喊,做了不懈的努力,进行大规模、有益的探索。翻译界众多学者对建立翻译学寄以厚望,不少学者也为之付诸艰辛。此类专著、专论大量涌现,蔚为大观,但是,这一方面的研究工作常常为人们所误解。应该说,研究工作本身也存在一些不够完备之处,使这一仍处于孕育中的学科屡屡遭人非议,这不得不引起我们的关注。什么是科学?有些人一提起"科学"二字就联想到物理、化学之类的自然科学,殊不知人间除了自然科学之外,还有社会科学、人文科学。这三类科学研究的对象、方法及途经均不相同。把翻译学与物理、化学相提并论,不免拟于不伦。依此而否定翻译学是一门科学是不足为训的。

学科概念混淆,把翻译学视为一门自然科学加以理解、运作,在国内外皆有人在,致使一潭清水越搅越混了。其实,科学是知识的体系,但不是所有的知识都能立即构成一个体系,一夜之间就使之变成一门学科。正如钱学森先生指出的,"知识包括两大部分:一部分是现代科学体系;还有一部分是不是叫作前科学,即进入科学体系以前的人类实践的经验。""不管科学还是前科学,只是整个客观世界的一个很小的部分,而且情况是在变化的。一部分前科学,将来条理化了,纳入到科学的体系里……"依我们之见,尽管人类的翻译活动已有一千多年的历史,但是长期以来,人们基本上是凭借他人或自身的经验进行翻译。现有阐述翻译方法的论著大多还只是这类实践经验的总结。因此,翻译还只是"前科学"。但我们不能因此就断然否定它能向一门学科方向发展。世界在进步,学科在发展。客观的事物不能由某人说是科学就是科学,说不是科学就不是科学。不能在学术界搞武断,对提出建立翻译学的提议给予当头一棒,力图抑制她的问世。我们应该允许探索,提出"思考"就意味着是一种探索。所以有人提出翻译是一门正在探索中的科学,笔者认为这是恰如其分的。

既然是探索,就应该允许人们从多方面,多学科进行研究。无端的否定未必能奏效。即便在自然科学中,如哥白尼的"日心说"得到了伽利略的证实,成了冤案,却在几百年后才得以平反昭雪,更何况人文科学呢? 但从另一方面说,我们也不能就因此把翻译学说得玄而又玄,似乎说得越玄乎就越高深。译学研究毕竟是源于实践,而后又回到实践来指导翻译实践的一门学问。译学研究不能脱离实践,这已经成为翻译理论工作者的共识。当前有些研究似乎已陷入了纯学院式的研究,连篇累牍,却于翻译实践无补。拉上几十门学科,标上无数术语,并不表明一个学科之成熟,只会导致许多概念含混不清。这种"理论"显得极其庞杂,但未必有实用价值。又如对翻译单位的研究,按西方翻译理论的说法,划分为音位层、词素层、词层、词组层、句子层及话语层。

如何能在每个具体情况下,从语言学等级体系中找到相应的层次作为翻译单位。连这一"理论"的提出者都感到为难,那这类学院式的研究究竟对我国的翻译实践有多大指导意义,就很值得怀疑了。尤其是对于像汉语这样象形文字与西方语言互译中就更难发现其实用价值。继而再进一步探讨什么"必要和足够层次的翻译"或是"偏低、偏高层次的翻译",势必就成了一纸空谈。

提到建立翻译学,就必定要设计语言学的问题。应该承认,语言学的发展给翻译学的发展开拓出新的思路。一方面,译者从语言学的角度,通过两种语言的话语对比,对语言中的现象及其实质有了更广泛、更深刻的了解,从而能在翻译中更自觉地掌握某些语言对比规律;另一方面,许多翻译理论研究人员从语言学角度来研究翻译,运用语言学中的术语、概念来阐述翻译实践中出现的语言现象,总结出某些系统的经验,取得了一定成就。这一切都应归功于语言学在翻译研究中的应用。现在坚持翻译是艺术的学者基本上也还没脱离翻译研究应用语言学理论所归纳出的翻译实践中某些系统经验,就正说明这一点。但是,正如公认的,翻译是艺术。艺术创作本无定规。同一个原著的句子在正确理解的前提下,你可以这么译,他又可以那么译。甚至同一译者在不同时期也都有不同译法,均无可指责,全凭译者在上下语境中去"创造"。其二,正如语言学派代表人物一再申明的那样,他们"首先感兴趣的正是研究翻译过程的语言学方面""纯粹是就语言学的意义而言"。很明显,他们研究的是语言,并不注重研究原著作者及译者的主体意识。他们只能对现成的译例在语言上做静态对比,只能考虑其表面现象。因此,就翻译研究而言,他们的研究必有偏失,或显得异常肤浅;其三,现代的语言学理论基本上是以西方语言为研究对象,对汉语的语言几乎未加触及。正如陈望道所指出的:"一般语言学的理论到目前为止还没有能,或者说很少能充分地、正确地概括世界上使用人口最多,历史极其悠久、既丰富又发达的汉语事实和规律"。汉语语言的起源、语言的总体结构及语言的运用等诸方面与西方语言截然不同。仅以西方语言模式为基础建立起的语言学套在汉外对译中几乎是行不通的。何况,翻译所涉及的不仅仅是语言问题。为此,语言学对于翻译研究有一定的局限性。妄图在这样的语言学基础上去创立翻译学,不仅限于找出翻译过程中客观存在的规律,而且要为翻译工作者提供某些规范或"规定",那只能是一场迷梦。

这里还有一个如何对待西方翻译理论的问题。应该承认,我们对国外的翻译理论知之甚少。远的不说,仅就改革开放以来,我们所引进的国外翻译理论的论著寥寥可数。我们殷切地希望这一状况今后能有所改善,以扩大我们研究的视野,增长我们的见识。但从另一方面说,我们在世界译坛面前不必妄自菲薄。要说我国的翻译事业在人才培养及学科建设上比西方国家落后,这是事实。但是,要说我国当代翻译理论研究、认识上比西方最起码要迟二十年,我们对此不敢苟同。就文化总体而言,各国文化不是依照同一路线发展,不可能按一个普遍的、等同的阶段进行。世界各国人民生活的文化背景不同,面对的是不同的客观世界,由此需要解决的问题不一,所具有的经验也不尽相同。因此,就不应该有个普遍的、客观的价值标准来评判任何传统文化的优劣高下,更不能用某种文化价值观念来评判另一文化标准。很明显,我们同样不能拿某个文化背景下产生的翻译理论作为另一文化背景下产生翻译理论的标准。这中间不能划分时间顺序的先后,而只能是互补、借鉴和相互渗透。

其实,国外的翻译理论也是处于探索之中,也未必已成定论,甚至某些堤法未见合理。翻译学对于我们来说是一门正处于探索中的科学,对西方人何曾不也是如此?基于这样的认识,我们就不至于会把国外的翻译理论奉为至宝,视若圣经,或为之惊讶不已。以奈达为例,他早期认为翻译是科学,到了80年代又强调是一种艺术。这说明人对客观事物认识不是一成不变的,也应该允许有所改变。这里并不存在什么"正本清源"的问题。也不要因他人观点变了,我们就得跟着转。西方译界的论坛上曾提出过equivalence的问题。这一提法在西方也不是没有争议的。equivalence在自然科学中译为"等值"是指"量值"或"效应"大小方面的"等"。在某些学科中也就只译为"类""代"而已。西方人把它应用到翻译中,传入我国后不知怎么地译为"等值"。于是就有人便在"等值"上做文章。翻译从某种程度上说本是一项不可为而又不得不为之的活动。它涉及到不同语言、不同文化、不同风俗习惯以及不同的思维方式等等一系列问题。在东西方之间这一差别尤为显著。为此,在翻译中就存在"不可译"的现象,这其中何曾有那么多的"等值"可言?况且,至今为止,在人文科学中尚无像自然科学中所具有的量化公式。因此,严格来说,翻译中是无"值"可"等"的。又如上文中所提到的"偏低层次的翻译"和"偏高层次的翻译",只不过是"直译"与"意译"的换一种说法而已,无"先进""落后"之分。认识到世界各国都在对翻译学进行探讨,我们就无需对西方的翻译理论顶礼膜拜了。

改革开放以来,"和世界……接轨"已渐渐成为一个很时髦的名词。近来在一些译坛上也时而见到这一提法。我们尚不明白"接轨"二字的更多含义,但在世界各国的文化发展中不应该由某个国家,或某些民族先走上"正轨",而其他国家或民族随后均顺此轨道发展。翻译研究中,也不应该像自然科学那样可以由某个民族的学者从他们的翻译实践中概括出全世界普遍适用的规律来。只有懂得东西方语言,具有东西方语言(譬如,汉外语言)或世界各种语对译丰富经验的人,才有资格讨论翻译中真普通的现象。使用不同语言的国家或民族应该按其自己语言的特点,建立与发展其自身的翻译理论。世界的文化不是朝一元化的方向,而是朝多元化方向发展的。我国的翻译理论要走向世界,但这不应牺牲自身的特点,用西方的概念套我们的翻译实践而造出理论,而是要按我们的翻译实践提出我们民族的东西口在世界文化之林中,越具有民族性的文化就越具有世界性。

在探索我国的翻译学中很重要的一点,就是如何看待我国自成体系传统的翻译理论。罗新璋先生在这方面已为我们做出了表率,但这方面研究的成果毕竟还不多。要是说我们对国外的翻译理论了解、研究得不够,那可以说我们对本国的传统翻译理论的研究也显得不足,应该把我们当前研究中感到不足之处都归咎于我国的传统翻译理论。摒弃前人的翻译理论,将之批驳得体无完肤并不有助于我们的翻译理论研究工作顺利向前发展。当然,不能说我们传统的翻译理论是十全十美了,我们不可以死抱着"信、达、雅"不放,或是说唯有"信、达、雅"好。从现代的眼光看,我国传统的理论体系有许多不足之处,但它毕竟反映了我国翻译研究的历史过程,我们仔细研究国外翻译理论就不难发现,尽管各国都是在其社会、语言、文化的基础上建立起自有的翻译理论,但其发展过程与我国的翻译理论发展过程大致相同。因此,我们不必过多地指责古人的翻译理论。历史地、客观地看待我们的传统翻译理论,就会使我们的研究不至于出现"全盘西化"或"中国文化本位"的倾向。从另一方面说,我们不能把传统的翻译理论仅仅看成是一种"包袱",是一种障碍。同时还应该把它看作为我们研究的基础。一千多年来所形成的我国翻译理论能流传至今,就在于它符合我们的文化背景、思维方式以及我国的翻译实践。它是顺应我国传统翻译理论发展的规律,只要认真研究我国的各家翻译理论,就也不难发现,构成我国传统翻译理论体系中的各家论述都是以我国的文化为背景,以前人的理论为依托,结合我国的翻译实践,吸收国外的翻译理论而创立的。严复的"信、达、雅"便是一个最典型的例证。今天,我们在进行翻译研究中就应该从我国传统的翻译理论中吸取其中合理的因素,以此作为我们研究工作的基础。与此同时,我们也要吸收当代国外翻译理论及国内外其他有关学科的最新成果。这种吸收不只是牵强附会地把古人的翻译见解或主张与西方人的某些说法放在一起,一比高低优劣。吸收仍要以我们原有理论体系为基础,考虑到我们与西方人在文化背景、思维方式以及语言结构等多方面的诸多差异,实事求是地吸呋有益于我们的养分,取各家学说之长,补我国研究之短,以此建立我国现代的翻译理论。

参 考 文 献

[1] ALET K. Corpus – based Translation Research:Its Development and Implications for General, Literary and Bible Translation[J]. Acta Theologica Supplementum,2002,2,70 – 106.

[2] AMPARO A. Translation Technologies Scope, Tools and Resources[J].2008,20 (1):79 – 102.

[3] BOWKER L. Computer – aided Translation Technology: A Practical Introduction [M]. Ottawa:University of Ottawa Press,2002.

[4] BAKER M. Corpus linguistics and translation studies:implications and applications[A]. In BAKER M ,FRANCIS G, TOGUINI E—Bonelli(eds.). Text and Technology:In Honour of John Sinclair[C]. Amsterdam&Philadelphia:John Benjamins,1993.

[5] BAKER M. Towards a methodology for investigating the style of a literary translator[J]. Target,2000(2):241 – 266.

[6] KENNEDY G. An Introduction to Corpus Linguistics[M]. London:Longman Limited,1998.

[7] LAVIOSA S. Core patterns of lexical use in a comparable corpus of English narrative prose [J]. Meta, 1998(4):557 – 570.

[8] LAVIOSA S. Corpus – based Translation Studies:Theory, Findings, Applications [M]. Amsterdam/Atlanta, GA:Rodopi, 2002.

[9] MANKIN E. Romancing the Rosetta Stone [EB/OL] [2007 – 10 – 15]. http://www. eurekalert. org/pub-releases/2003 – 07/uosc-rtr072403. Php.

[10] QUIRK R,GREENBAUM S,LEECH G, et al. A Comprehensive Grammar of the English Language[M]. London:Longman, 1985.

[11] SAPIR E. Language:An Introduction to the Study of Speech[J]. New York:Harcourt, Brace & World,1992.

[12] TYMOCZKO, MARIA. Translation in a Postcolonial Context:Irish Literature in English Translation[M]. Shanghai:Shanghai Foreign Language Education Press,2004.

[13] TYMOCZKO M. Computerized corpora and the future of translation studies[J]. Meta, 1998(4):652 – 660.

[14] YU Shiwen. Automatic evaluation of output quality for machine translation systems[J]. Machine Translation,1993(8):117 – 126.

[15] 常宝宝. 基于语料库的双语辞书编纂平台[J]. 辞书研究,2006(3):122 – 133,

[16] 常宝宝,柏晓静. 北京大学汉英双语语料库标记规范[J]. 汉语语言与计算学报,2003,13(2):195 – 214.

[17] 常宝宝,俞士汶. 语料库技术及其应用[J]. 外语研究,2009(5):43 – 51.

[18] 陈了了. 计算机辅助翻译与翻译硕士专业建设[D]. 济南:山东师范大学,2011.

[19] 方梦之. 译学词典[M]. 上海:上海外语教育出版社,2004.

[20] 冯雪红.试论实战模拟型翻译教学课堂的构建[J].江苏外语教学研究,2011(1).

[21] 冯志伟.中国语料库研究的历史与现状[J].汉语语言与计算学报,2002 (12).

[22] 郭红.计算机辅助翻译教学的一种尝试[J].外语界,2004(5):54-61.

[23] 胡开宝,李晓倩.语料库翻译学与翻译认知研究:共性与融合[J].山东社会科学,2016(10).

[24] 黄昌宁.语料库语言学[M].北京:商务印书馆,2002.

[25] 黄居仁.国语日报量词典[M].台北:国语日报社,1997.

[26] 黄立波,朱志瑜.国内英汉双语平行语料库建构与研究现状及展望[J].当代外语研究,2013(1).

[27] 教育部语言文字应用研究所计算语言学研究室.信息处理用现代汉语词类标记集规范[S].语言文字应用,2001(3).

[28] 教育部语言文字应用研究所计算语言学研究室.国家语委语料库科研成果简介[EB/OL][2007-10-151][J].www.china—languange.gov.cn.

[29] 靳光瑾.谈语料库建设与规范标准问题[M]//徐波.中文信息处理若干重要问题.北京:科学出版社,2003.

[30] 柯平,鲍川运.世界各地高校的口笔译专业与翻译研究机构[J].中国翻译,2002(4).

[31] 雷秀云.基于语料库的研究方法及 MD/MF 模型与学术英语语体研究[J].当代语言学,2001(2).

[32] 雷沛华.基于语料库的译者培养及启示[J].河北联合大学学报(社会科学版),2009,9(4):148-150.

[33] 李加军,钟兰凤.基于平行语料的积极型汉英词典配例原则[J].江苏大学学报(社会科学版),2011(2).

[34] 刘开瑛.基于互联网的多层次汉语语料库构建研究[M]//徐波.中文信息处理若干重要问题.北京:科学出版社,2003.

[35] 刘连元.现代汉语语料库研制[J].语言文字应用,1996(3).

[36] 卢亚军.基于大型藏文语料库的藏文字符、部件、音节、词汇频度与通用度统计及其应用研究[J].西北民族大学学报(自然科学版),2003(2).

[37] 罗振声.清华 TH 语料库的结构、功能与应用[J].计算机时代的汉语和汉字研究,1996.

[38] 罗振声,袁毓林.计算机时代的汉语和汉字研究[M].北京:清华大学出版社,1996.

[39] 吕立松,穆雷.计算机辅助翻译技术语翻译教学[J].外语界,2007(3):35-43.

[40] 蓝红军,穆雷.中国翻译研究综述[J].上海翻译,2010(3).

[41] 梁爱林.计算机辅助翻译的优势和局限性[J].中国民航飞行学院学报,2004(1):23-26.

[42] 穆雷.中国翻译教学研究[M].上海:上海外语教育出版社,1999.

[43] 庞伟.双语语料库构建研究综述[J].信息技术与信息化,2015 (3).

[44] 钱多秀."计算机辅助翻译"课程教学思考[J].中国翻译,2009(4):49-53.

[45] 钱多秀.计算机辅助翻译 [M].北京:外语教学与研究出版社,2011.

[46] 史宗玲.计算机辅助翻译:MT&TM[M].台北:书林出版有限公司,2004.

[47] 宋新克,张平丽,程悦.本科英语专业计算机辅助翻译教学中学习动机与需求调查研究[J].皖西学院学报,2011(3).

[48] 孙茂松.汉语搭配定量分析初探[J].中国语文,1997(1).

[49] 孙茂松.信息处理用现代汉语分词词表[J].语言文字应用,2001(4).

[50] 田雨.译者的得力助手:CAT 软件——以 Déjà Vu 为例.[J]文学界(理论版),2010,10.

[51] 唐智芳,于洋.互联网时代的语言服务变革[J].中国翻译,2015(4).

[52] 王华树.信息化时代背景下的翻译技术教学实践[J].中国翻译.2012(03):57-62.

[53] 王立非,王金铨.计算机辅助翻译研究方法及其应用[J].外语与外语教学2008,(5).

[54] 王克非.语料库翻译学:新研究范式[J].中国外语,2006(3):8-9.

[55] 王克非,黄立波.语料库翻译学的几个术语[J].四川外语学院学报,2007(6):101-105.

[56] 魏晓芹.大学英语翻译教学中 CAT 的应用[J].外语教学与研究,2009(2).

[57] 卫乃兴.基于语料库和语料库驱动的词语搭配研究[J].当代语言学,2002(2).

[58] 文军,穆雷.翻译硕士(MTI)课程设置研究[J].外语教学,2009(4):92-95.

[59] 邢红兵.汉语词语重叠结构统计分析[J].语言教学与研究,2000(1).

[60] 徐彬.CAT 与翻译研究和教学[J].上海翻译,2006(4):59-63.

[61] 徐彬,郭红梅,国晓立.21 世纪的计算机辅助翻译工具[J].山东外语教学,2007(4):79-86.

[62] 徐彬,谭滢.计算机辅助下的翻译协作[J].山东外语教学,2008(4):91-94.

[63] 徐彬.计算机辅助翻译教学:设计与实施[J].上海翻译,2010(4):49-54.

[64] 徐彬.翻译新视野:计算机辅助翻译研究[M].济南:山东教育出版社,2010.

[65] 袁亦宁.翻译技术与我国技术翻译人才的培养 [J].中国科技翻译,2005(18):51-54.

[66] 杨博.计算机辅助翻译与教学:综述 4 所高校开设的计算机辅助翻译课程[J].才智,2012(12).

[67] 杨惠中.语料库语言学导论[M].上海:上海外语教育出版社,2002.

[68] 尤方.基于语义依存关系的汉语语料库的构建[J].中文信息学报,2003(1).

[69] 宇驰,杨雄琨.翻译人才培养与计算机辅助翻译教学[J].大家,2012(11).

[70] 俞敬松,王华树.计算机辅助翻译硕士专业教学探讨[J].中国翻译,2010(3).

[71] 余军,王朝晖.CAT 技术在本科翻译教学中的应用[J].西南农业大学学报(社会科学版),2012(6):64.

[77] 俞士汶,段慧明,朱学峰,等.北京大学现代汉语语料库基本加工规范[J].中文信息学报,2002,16(5):49-64,16(6):58-65.

[72] 俞士汶,朱学锋,王惠,等.现代汉语语法信息词典详解[M].2 版.北京:清华大学出版社,2003.

[73] 俞士汶,段慧明,朱学峰,等.北大语料库加工规范:切分·词性标注·注音[J].汉语语言与计算学报,2003b, 13(2):121-158.

[74] 俞士汶,朱学锋,段慧明,等.汉语词汇语义研究及词汇知识库建设[J].语言暨语言学 2008,9(2):359 - 380.

[75] 俞士汶.语料库与综合型语言知识库的建设[M]//徐波.中文信息处理若干重要问题.北京:科学出版社,2003.

[76] 张政.计算机翻译研究[M].北京:清华大学出版社,2006.

[77] 张政.计算机语言学与机器翻译导论[M].北京:外语教学与研究出版社,2010.

[78] 张倩.计算机辅助翻译的应用[J].鸡西大学学报(综合版),2012(6):32 - 45.

[79] 张普.关于汉语语料库的建设与发展问题的思考[M]//徐波.中文信息处理若干重要问题.北京:科学出版社,2003.

[80] 赵军,等.中文语言资源联盟的建设和发展[M]//徐波.中文信息处理若干重要问题.北京:科学出版社,2003.

[81] 赵铁军.机器翻译原理[M].哈尔滨:哈尔滨工业大学出版社,2002.

[82] 郑玉玲,等.藏缅语语料库及比较研究的计量描写[J].中文信息学报,1996(2).

[83] 邹嘉彦,等.汉语共时语料库与信息开发[M]//徐波.中文信息处理若干重要问题.北京:科学出版社,2003.

[84] 朱玉彬,陈晓倩.国内外四种常见计算机辅助翻译软件比较研究[J].外语电化教学,2013,(1).

[85] 中国报告大厅.2016 中国语言服务行业发展分析:仍面临诸多挑战[R][EB/OL].http://www.chinabgao.com/k/yuyanpeixun/ 25668.html,2016 - 12 -28.

[86] 北京大学计算语言学研究所.北京大学《人民日报》标注语料库[DB].http://www.icl.pku.edu.cn.

[87] 北京语言大学.HSK 均衡语料库[DB].http://www.blcu.edu.cn/kych/H.htm.

[88] 清华大学.汉语均衡语料库[DB].TH – ACorpus http://www.lits.tsinghua.edu.cn/ainlp/source.htm.

[89] 山西大学.山西大学语料库[DB]. http://www.sxu.edu.cn/homepage/cslab/sxuc1.htm.

[90] 台湾中研院.现代汉语平衡语料库[DB].http://www.sinica.edu.tw/SinicaCorpus,http://www.sinica.edu.tw/ ~ tibe/2 – words/modern – words/,http://www.sinica.edu.tw/ftms – bin/kiwi.sh.

[91] 中央研究院.近代汉语标记语料库[DB].http://www.sinica.edu.tw/Early_Mandarin/.

[92] 香港城市大学.LIVAC 共时语料库[DB].http://www.rcl.cityu.edu.hk/livac/或http://www.LIVAC.org.

[93] 浙江师范大学.历史文献语料库[DB].http://lib.zjnu.net.cn/xueke/hyywzx/xkjj.htm.

[94] 中国科学院计算所.双语语料库[DB].http://mtgroup.ict.ac.cn/corpus/query_process.php.

[95] 中文语言资源联盟[Z].http://www.chineseldc.org/xyzy.htm.